KB198905

김포시 도시개발 백년대계

김 인(金仁, 서울대학교 명예교수)

1941년 평안남도 용강 출생
서울대학교사범대학부설고등학교 졸업
서울대학교 문리대 지리학과 졸업
미국 노스캐롤라이나 대학 지리학 석·박사
한국도시지리학회 회장, 김포시도시계획위원, 행정중심복합도시건설
자문위원 등 역임

〈주요 저서〉
『세계도시론』(2005), 『도시지리학원론』(1991), 『현대인문지리학: 인
간과 공간조직』(1986), 『도시해석』(2006, 편저), 『어느 地理人生 이야
기』(2006), 『수도권지역연구: 공간인식과 대응정책』(1993, 공편) 등

김포시 도시개발 백년대계

도시의 미래 전망과 처방

김 인

푸른길

내 여생에 아직도 꿈이 있다면

　누구나 김포시에 와서 이웃과 함께 살고 싶은 도시가 되면 좋겠다. 나는 2000년 서울 강서구 화곡동에서 이사를 왔다. 현재 거주지는 김포시 장기동 청송마을로 이곳을 한 번도 떠나 본 적 없이 24년째 살고 있다. 김포시와 내가 관계를 맺은 시간은 30여 년의 긴 세월이다. 그 연유는 이 책의 1장에서 소상히 밝힌다.

　나는 김포시 민선 시장 3기(김동식), 4기(강경구), 5·6기(유영록) 때 도시계획위원회의 위원이었다. 김포 신도시 건설 자문 역할과 함께 김포 신도시 도시설계 공모 심사위원장으로 위촉되어 사계의 도시학 관련 전문가 그룹을 모시고 8편의 공모작을 선발하기도 했다. 한편 김포시 관내를 틈나는 대로 돌며 시정 현안 문제들을 파악하고자 개인적인 노력을 기울였다. 이렇듯 김포시와 관련한 공적, 사적인 일에 참여하면서 김포를 꽤는 알게 되었지 않나 자부하며, 이 책『김포시 도시개발 백년대계: 도시의 미래 전망과 처방』을 집필하게 된 것이다.

　그런데 나와 알고 지내는 김포시민 중에는 어찌된 일인지 김포에 대한 도시 이미지가 수도권의 타 도시와 비교해 썩 좋은 편이 아니라고 생각하는 사람이 많다. 도시의 발전 여건을 평가하면서도 와서 살 곳은 아니라는 식으로 도시의 가치를 평가절하한다. 언젠가는 주거지를 옮겨야겠다는 김포시 기피론을 서슴치 않는다. 이렇게 되면 분명 현존 김포시는 도시의 지속 가능한 발전을 저해받을 소지가 크다 할 것이다. 나쁜 도시 이미지로 인해 김포시의 발전 잠재력이 사장되어서는 안 된다. 그러기에 김포시 도시 인식에 대한 종합 검토와 사실 검증, 나아가서는 이론적 논구(論究)가 필요하다. 이 연구를 위해 필자는 시 승격 후 김포시가 수행한 그리고 앞으로 수행할 '도시개발사업'에 관심을 두고, 이 책 전체를 김포시 도시개발사업에 초점을 맞추어 일관되게 서술(서문과 에필로그에 이르기까지)하고 있음을 독자는 이해하게 될 것이다.

김포의 한 주민으로서 도시연구 지리학자로서 김포를 가장 살고 싶은 도시로 만드는 데 내 꿈을 펼쳐 본다. 간절한 꿈이 살아 있는 동안에 드러날 수 있게 되기를 바란다. 이 책에 담은 나의 논거와 이론, 나의 전문 지식, 나의 경험이 유효했음을 확인하고 싶다. 내 생애 마지막 영광의 선물이기를 기도하면서.

2025년 1월
처소에서

차례

제1장

김포시 도시개발사업

1. 시 승격 전후 도시개발사업의 배경

김포의 시(市) 승격 연도는 1998년 4월 1일. 김포군에서 도농복합 김포시로 승격되었다(1995 지방자치시행령 근거, 군이 시로 승격하는 경우 군에서 도시화된 읍 또는 리가 동으로 바뀐다). 당시 통계 인구는 11만 5000인, 세출입 중 예입은 3878만 원, 세출은 2634만 원, 자동차 총대수는 7689대였다. 시 승격 직후 시가지(市街地)는 도로, 공원, 상하수도, 병원, 대학 등이 제대로 갖춰지지 못한 매우 불량한 도시구조였다.

우리나라는 1970년대 이후 도시화와 산업화가 급속히 진전되면서 가용토지 물량의 공급확대를 위해 '준농림지'라고 하는 토지이용을 법제화하는 법(국토부, 1993. 8. 국토이용관리체계)을 만들었다. 국토의 27%가 넘는 준농림지가 개발의 탄력을 받아, 농사짓던 땅에 아파트단지와 공장이 난개발의 형태로 들어섰다. 준농림지에 공동주택을 여러 사업지구로 쪼개어 개발함으로써 이런 곳에는 도시의 기반시설과 각종 공공시설이 부족했다. 준농림지 농토 위에 18층 건물의 공동주택 아파트단지가 들어서 있는 모습은 목불인견, 정말 봐 주기 민망할 정도였다. 이들 준농림지는 주택 공급의 기회를 노리는 개발업자들에게는 '기회의 땅'이었다. 각종 교묘한 수단이 동원되는 등 비리의 온상이기도 했다. 이와 같은 실상은 비수도권보다 수도권의 시·군 농촌지역에서 더 심했다.

수도권에 존재하는 김포시도 그 예외는 아니었다. 한 예가 김포시 풍무동 지역의 준농림지이다. 초기에 이곳은 공동주택 아파트단지로 난개발 되면서 동사무소, 파출소, 우체국, 은행, 시장, 병원 등 도시가 갖추어야 할 최소한의 기능도 갖추지 못한 채 시가지가 형성되었다. 아파트단지의 집합 세트에 불과한 주택도시개발사업의 전형적인 사례가 풍무동 서해아파트단지인 것이다. 이런 도시개발의 오명을 일컬어 '미니 신도시'라 한다. 현재는 인구가 증가하고 시가지 정비를 통해 완결형 도시기능을 갖추면서 김포시의 관내 8개 행정동 중의 하나인 '풍무동'으로 분구가 되었다. 풍무동 지구가 완결형 도시 기틀을 갖춘 도시로 탈바꿈을 한 것이다. 지금은 '풍무역세권'을 중심축으로 도시개발사업을 위한 택지조성 획지가 정해졌다. 구획된 역세권에는 인하대학교와 김포시 간에 종합병원 유치 및 건립이 추진 중에 있다.

한편, 김포시에는 3000여 개의 영세공장과 그에 맞먹는 숫자의 무등록 업체가 있다는 통계 기록이 있다. 김포시 어딜 가나 곳곳에 박혀 있는 것이 공장건물과 부대시설들이다. 물론 난개발의 산물이며 문제는 이들이 김포의 여러 도·농의 자연생태계, 수질오염 및 도시 미관에 나쁜 영향을 주는 주범들인 것이다. 시 당국으로서는 정비하자면 도시 행정의 절실한 모니터링과 막대한 재정과 사회비용이 드는 골치 아픈 아킬레스건인 것이다.

앞에서 언급한 '미니 신도시'와는 달리 일반적으로 '신도시' 개념은 선계획-후개발의 마스터플랜에 입각하여 대단위 택지개발과 자기 완결적 도시기능을 갖춘 계획도시를 의미한다. 우리나라의 경우, 국토연구원은 신도시를 "새롭게 건설되는 정주공간으로서 국가 정책과제와 관련된 개발 목표를 달성하기 위해 수립된 종합계획에 의해 건설되어야 하며, 주민의 생업과 생활에 필요한 일자리와 시설이 두루 갖추어진 정주공간은 물론 기존 도시 내부에 건설되는 신시가지 등 다양한 형태의 정주공간을 포함하는 도시"로 정의한다(대한국토·도시계획학회, 1994). 이런 취지에서 김포에 건설된 신도시가 '김포한강신도시'인 것이다.

1989년에 건설 계획이 발표된 후 1992년 말 입주가 완료된 경기도의 분당·일산·중동·평촌·산본의 5개 신도시가 서울과 25km 이내에 위치한 1기 신도시이다. 서울의 과밀 인구가 분산되면서 1기 신도시 사업은 성공적인 신호를 보였다. 특히 분당 신도시와 일산 신도시로 주거인구가 쇄도했으며, 지금도 분당 신도시는 "하늘 아래 천당, 천당 아래 분당"이란 말이 나올 정도로 세간의 부러움을 산다. 그만큼 자기 완결적 도시기능을 갖춘 도시개발이란 평가다. 2003년 참여정부는 서울의 부동산 가격 폭등을 억제하기 위해 2기 신도시 건설 계획과 수도권에 10개, 충청권에 2개의 신도시를 지정했다. 수도권 2기 신도시는 서울의 도심에서 반경 30km 이상 떨어진 곳에 조성됐다. 김포한강 신도시는 정부가 부동산·주택정책을 위해 수립한 2기 신도시에 해당한다.

2. 김포 신도시 도시개발사업 계획

이번 내용은 김포시 신도시건설과의 보도자료 내용을 종합하여 필자가 재구성한 것이다. 당시 이 내용은 위촉심사위원 외에는 대외비에 속하였다.

김포시가 시 승격 후 도시계획 측면에서 선계획-후개발의 공간계획이 부재하던 차였던 터라, 마스터플랜에 입각한 김포 신도시 건설은 지방자치 차원에서 시의 품격과 도시적 삶의 가치를 창출하는 데 큰 의미가 있었다. 특히 1기 신도시와는 달리 도시공간의 충분한 녹지율 확보, 자족 기능 강화, 산업단지 배치 등 자족도시 계획이란 관점에서 의미가 크게 부각되었다.

가. 김포 신도시 사업지구 개요

▶ 지구명 : 김포 신도시 택지개발지구

▶ 대 상 : 경기도 김포 운양동, 양촌면 일원

▶ 면 적 : 11,850천 km²(358만 평)

▶ 인구 및 세대수 : 154천 명, 53천 호

▶ 사업기간 : 2005~2012년

▶ 사업시행자 : 한국토지공사

▶ 입지여건 : 서울 도심에서 서북쪽으로 약 26km권의 수도권 서북부의 중심지에 입지

▶ 수도권정비계획법상 성장관리권역에 속하며, 완만한 구릉지와 농경지로 어우러진 평탄지

나. 김포 신도시 도시설계 공모 및 설계지침

1) 공모 개요

▶ 공모 목적 : ① 미래지향적인 신도시 건설을 위한 참신한 아이디어 수용 ② 차별화된 신도시의 미래상 제시와 상징성 부여 ③ 공모를 통한 신도시 개발의 대민홍보 효과 제고

▶ 공모명 : 김포 신도시 도시 개념 및 행정타운 도시설계 현상공모

2) 설계지침

① 김포 신도시의 명칭 및 건설을 위해 신도시의 도시 이미지, 도시 골격, 기타 도시 콘셉트가 나타날 수 있도록 도시의 전체 구상도, 다이어그램, 스케치 등으로 표현하는 도시 개념 아이디어를 부각할 것.

② 김포시의 인공수로 및 친수공간 개념을 도시설계에 참작할 것.

③ 한강 변의 농지(18만 평)는 철새 등 자연환경 보전을 위하여 개발을 억제하되, 생태공원 및 녹지 등으로 구상할 것.

④ 행정타운은 타운인타운의 개념으로 설계하되, 응모자 본인의 김포 신도시의 도시 개념 주제에서 설계한 도시 골격, 도로망 계획에 행정타운의 도로망을 연계하여 설계할 것.

⑤ 행정타운의 위치는 지정되 있으나, 지구계는 자유로운 형태로 설계할 수 있음. 단 행정타운의 공공기관 부지는 5만 평 이내로 기획하여 응모자가 적절히 부지의 토지이용계획을 설계할 것.

⑥ 행정타운의 명칭, 공공기관의 상징성 및 도시 미관을 고려한 랜드마크 및 오픈스페이스, 문화광장, 스카이라인 등의 타운설계를 부각시킬 것.

다. 김포 신도시 도시설계 공모작품 심사계획 및 결과

1) 작품심사 계획
① 심사기준 및 심사방법 결정
② 심사위원 명단(김포 신도시 건설 도시학 관련 전문가 8명)
  ▶ 김인(서울대 교수) : 지리학 심사위원장(위촉)
  ▶ 원제무(한양대 교수) : 교통공학 부위원장(위촉)
  ▶ 김흥규(연세대 교수) : 도시설계
  ▶ 배시화(경원전문대 교수) : 도시건축
  ▶ 송복섭(한밭대 교수) : 도시건축
  ▶ 김홍석(연세대 교수) : 도시환경
  ▶ 유환종(명지전문대) : 지적정보
  ▶ 이강건(한국도시계획 기술사회 회장) : 도시계획

2) 심사내용 : 심사위원 토론 및 3차에 걸쳐 입상작 심사
① 응모신청 접수 : 71건
  ▶ 일반인 : 28건
  ▶ 설계사무소 및 엔지니어링회사 직원 : 19건
  ▶ 대학교 및 대학원, 소속 연구소 : 23건
  ▶ 국토연구원 연구원 : 1건
② 심사일시 및 장소 : 2006. 6. 21(수) 16:00 ~6.23(금) 11:00, 메이

필드호텔(서울시 강서구 소재)

③ 도시설계 공모 신청 71건에 대해 설계지침, 평가항목(도시 개념 아이디어 및 행정타운 도시설계), 심사기준안을 토대로 작품성에 대한 평가심사위원단의 의견 수렴과 심사위원의 개인적 견해를 적시하면 다음과 같다.

▶ 도시설계 공모의 당선작이 김포 신도시 개발계획에 반영할 수 있는가의 여부가 중요. 사업시행사인 한국토지공사의 개발계획이 김포시가 추진하는 지자체의 신도시 구상에 잘 반영되도록 해야 할 것임.

▶ 김포시의 정체성을 찾는 것이 중요하다는 측면에서 지방자치단체가 아이디어 공모를 시도하는 자체가 획기적인 발상으로서 홍보효과가 커야 할 것임.

▶ 커넬시티 컨셉의 도시 개념에 농수로 및 하천 등 수면 활용을 고려한 방안의 적극적인 검토 필요.

▶ 김포 신도시의 도시 개념 아이디어의 평가항목 중 개발 방향 내용을 삭제하여 응모자가 자유롭게 구상할 수 있도록 해야 한다는 견해.

▶ 행정타운 도시설계 부분은 좀더 디테일한 지침을 제시할 필요가 있음.

▶ 심사평가 기준을 정량적 평가보다는 정성적 평가방안 모색이 필요함.

▶ 공모의 1등 시상금 1억 원은 너무 적어 능력 있는 업체의 참여가 있을지 우려됨. 공모의 수준을 감안하면 응모자의 자격 제한도 필요.

▶ 한국토지공사에서 수억 원의 용역비를 들여 수립하는 개발구상에 견줄 만한 공모 아이디어가 나올지 의문.

▶ 응모자의 참여자격을 제한하는 것에는 오히려 반대. 한국은 메이저급 용역업체들이 도시설계를 주도한 점에서 도시가 획일적인 측면이 있음. 참여자격을 제한하지 않아야 다양하고 참신한 아이디어가 많이 모집될 것임.

3) 심사결과

도시학의 각계 전문가 8명으로 구성된 심사위원단이 2박 3일간의 합숙 일정에 따라 3차에 걸친 응모작품 심사에 만전을 기한 결과 우수작 2편과 가작 2편을 선별하는 데 만족해야 했다. 비록 1등의 최고 수상작품을 뽑지 못한 아쉬움은 있으나, 김포시 지자체의 입장에서는 독립적으로 수립한 이른바 '완결형 도시개발사업'의 효시라는 점에서 '김포한강신도시' 명칭의 도시개발이 주는 시사하는 바가 크다.

민선 4기 시장(강경구) 때 김포 신도시 건설단 신도시 지원과 부서가 개설된 후 김포반도의 중원을 중심으로 '선계획-후개발' 마스터플랜에 입각한 신시가지가 형성되면서 김포한강신도시의 구래동, 마산동, 장기동, 운양동 일대의 주상복합형 아파트단지가 산전벽해를 이룰 정도로 도시개발사업의 과업이 크다.

　필자는 현재 '김포한강신도시'에 살고 있는 사람으로, 또한 김포 신도시 도시설계 공모 심사위원으로 관여했던 입장에서도 김포의 신도시개발사업을 보는 감회가 남다르게 깊다. 당시 보도자료의 앞 페이지를 보면 김포시의 캐치프레이즈가 "축복의 땅·살기 좋은 김포"였다! 도시지리학이 업(業)인 본인의 바람이기도 하다.

　그러나 지적하고 싶은 것이 하나 있다. 김포 신도시 구래동의 5만 평 부지에 새로운 행정타운 시청의 청사건물과 공공기관의 부대시설 건립 등, 행정타운의 도시 윤곽이 아직 오리무중이다. 시공사인 한국토지개발공사와 김포시 간에 어떤 사정이 있는지는 모르겠으나, 앞으로 인구 70만 명을 향한 김포시의 행정 수부(首府)가 어디에 세워지든 간에 빠른 결정을 봐야 할 것이다.

제2장

김포시 도시개발의
핵심 문제와 과제

1. 김포의 미래가치를 위한
문제 진단과 도시대책

    김포시가 직면하고 있는 엄밀한 현안 문제를 들자면 시정(市政) 차원에서 김포의 도시철도(이른바 꼬마철도)와 침상도시(이른바 베드타운)의 도시기능 문제다. 비록 빠른 인구의 성장과 메가급의 시급 도시가 된다 해도 양질의 고급 일자리와 도시의 기반시설 인프라가 뒤 따르지 않는 한 김포의 미래가치 운운은 그 자체가 넌센스이고, 그 어떤 정책적 시사(示唆)나 대안(對案)도 다 허상일 뿐이다.

    양자는 모두가 서울시와 연동해서 극명하게 파생하는 문제들인 것이다. 특히 출퇴근 시 김포골드라인 2량짜리 꼬마 지하경전철을 타야한다는 것, 그리고 대거 서울로 직장을 다녀야 하는 김포베드타운 직장인들에게는 특단의 조치가 없는 한, 서울을 통해서 살아가야 하는 일상생활이 항상 팍팍한 삶을 면치 못할 것 같다는 점이다. 문제는 그렇다 치고, 그러나 현재 김포시는 더 이상 인구의 유·출입 문제를 걱정할 정도의 도시는 아니다. 지금 김포가 직면하고 있는 현안은 양질의 '일자리'와 서울과의 교통 불편을 덜어 주는 안정된 '정주(定住)' 체계가 마련되어야 한다는 것이다.

2. 특단의 도시대책은 무엇인가

첫째, 서울지하철 9호선의 김포 연장이다

그 이유는 서울지하철 9호선이 수도 서울의 동서축 도심지역을 관통하는 중심 라인이기 때문이다. 특히 9호선의 급행을 타는 경우, 김포 연장 9호선의 지하철 철도기능이 수도권의 대심도(大深度) 광역급행철도(GTX)에 버금가는 기능을 담보하는 수단이 된다. 중전철 없이 인구만 늘어나는 김포에 9호선 연장은 필수적이다. 김포골드라인은 지하경전철의 한계를 극복하기 위한 대체 수단이다. 현재 지자체 간에 추진 중인 5호선(한강선) 연장도 하나의 대안은 되겠으나 김포 주민에겐 차선책에 불과할 뿐, 9호선 연장만이 최단(最短), 최적(最適), 최선(最先)의 길이요 진리다.

필자는 과거(김포신문, 2015년 1월 15일 자)에 9호선 연장에 대한 논지(論旨)를 소상히 폈다. "김포 지하철 9호선 연장 아직도 늦지 않다. 김포시민과 시장, 국토부와 경기도, 김포시 국회의원, 김포시 의회 의원이 나서 추진해야"라는 기고문인데, 그때의 기고문에 쓴 생각과 주장은 지금도 변함이 없다.

2024년 11월 11일 김포의 지역신문 주간지에 이런 기사가 났다. "서울시, 김포시, 서울 강서구의 단체장들이 모여 서울 5호선 철도를 김포로 연장하는 합의를 이루어 그동안 풀지 못한 숙제인 방화차량기지와 건설폐기물 처리장의 이전에도 지자체 간 업무 협약을 함으로써 국가 4차 철도망 계획에 정식으로 입성하였다 …… 시민들 반응도 정말 기쁜 일이다" 하지만 아직도 5호선 연장사업은 2017년 논의를 시작한 이래 성명만 난무할 뿐, 아직 연장노선을 확정짓지 못하고 있다.

서울지하철 5호선 김포 연장은 서울의 강서구 방화역에서 인천시 서구 검단신도시 지역을 거쳐 김포시 장기역까지 28km를 신설하는 사업이다. 현재 5호선의 연장 노선 및 지하철 역사(驛舍) 개수를 놓고 김포시와 인천시 두 지자체 간에 입장이 서로 맞서고 있는 형국이다. 김포시는 김포의 장기동을 기점으로 인천 서구 검단지역의 '2곳' 정거장을 지나 서울을 잇는 지하철 연장노선이 가급적 직선형 노선이어야 한다는 입장이다. 반면 인천시는 인천 서구 지역 '4곳' 정거장을 지나는 'U자'의 굴곡형 노선을 제시했다. 인천 서구 지역 인구 유입에 맞춰 노선을 연장해야 한다는 주장인 것이다. 두 지자체가 제시하는 노선 연장의 입장차가 너무 커서 '협의가 더 필요하다는 이유'에서, 국토교통부 산하 대도시광역교통위원회(대광위)는 노선의 확정 발표 시기를 여러 차례 미루었고, 국토부는 최대한 두 지자체 간의 노선 합의를 이끌어낼 계획이라고 했다.

이어 대광위는 두 지자체가 제시한 각각의 최종 5호선 연장노선 안을 받고 중재안을 확정 발표했다. 대광위가 제시한 중재안에는 김포 관내에 7개, 인천 관내에 2개, 서울 관내에 1개 역을 설치하고 인천시와 김포시 경계 지역에 있는 불로동 정거장을 김포 감정동으로 조정한다는 내용이 담겼다. 그러나 대광위 노선안 확정이 미루어지면 연장 자체가 백지화 될 수도 있다는 우려가 있다. 특히, 수도권 광역급행철도 노선(GTX-D)이 확정되면 사업성이 낮은 5호선 연장사업 자체가 무산될 우려의 지적도 있다. 각 지자체가 제시한 노선이 아니더라도 국토부 관계자는 "완전히 새로운 안은 아니어도 어느 정도 별도의 안을 내려고 하고 있다"는 언론 소식지도 있다. "늦어지는 서울지하철 5호선 연장안 대신 '제3안'을 모색할 수도 있다"는 국토부의 시그널을 언론이 지적하는 것이다. 한편 업계 관계자는 노선안을 확정짓지 못해 대광위가 대도시권 광역관리특별법까지 만들었음에도 정작 국토부가 컨트롤타워 역할을 수행하지 않아 시민 불편이 극에 달하고 있다는 지적이다.

노선안 확정 발표 프로세스를 구체적으로 알아보자. 두 지자체가 제시한 노선안을 가지고 국토부는 대광위의 평가단을 구성해 노선을 확정한다. 평가단에서는 km당 사업비 및 승차인원, 사회적 기여도, 운영 안정성 등에 대한 지표를 세워 평가한다. 국토부 대광위에서 심사를 받아 결정한 노선안은 기획재정부의 예비타당성 조사에서 이른바 B/C = 1 이상의 값이어야 한다. 국가 정부 해당 부서 간에는 실무적 과제를 푸는 일에 여러 가지 사항을 고려해야 할 어려움이 존재한다. 결과에 따라서는 주민의 민심 반향, 정부 부처 간의 이견(異見) 등 5호선 연장노선과 관련한 찬반 논의가 모두에게 자유롭지 못한 뜨거운 감자가 될 수 있다.

필자는 지하철 연장노선을 체결(締結)하는 데 본인의 발상(發想)과 제언(提言)을 피력하고자 한다. 결론부터 말하면 김포 노선안과 인천 노선안을 가감 없이 모두 합쳐 서울지하철 9호선에 연장하는 것이다. 그러면 왜 9호선인가? 필자가 5호선보다는 9호선 연장을 주장하는 이유는 다음과 같다.

① 9호선 연장은 경기도 김포시 장기역 기점 → 인천시 서구 검단 신도시 3개 역 → 인천과 김포 경계의 풍무역 → 김포의 씨네폴리스 → 고촌역 → 서울의 개화역 → 김포공항역을 직결하는 노선이다. 유일하게 지하철이 없는 수도권 서부권역을 관통한다. 수도권 서울 서부권역의 도시철도 개통은 김포와 인천 서구 지역주민의 숙원 사업이다.

② 현재 수도권 서부지역은 인구가 대거 점증하는 지역으로, 김포와 인천 서구의 도시인구 200만 규모가 교통인구를 유발하는 풀임을 감

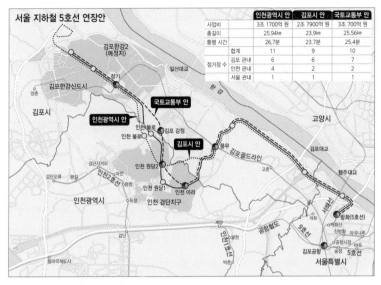

	인천광역시 안	김포시 안	국토교통부 안
사업비	3조 1700억 원	2조 7900억 원	3조 700억 원
총길이	25.94km	23.9km	25.56km
통행 시간	26.7분	23.7분	25.4분
정거장 수 합계	11	9	10
정거장 수 김포 관내	6	6	7
정거장 수 인천 관내	4	2	2
정거장 수 서울 관내	1	1	1

김포 노선안과 인천 노선안을 모두 9호선에 연결하는 방안

안할 때, 9호선 연장 지하철 추가 건설 사업은 기재부가 실시하는, 이른바 예비타당성 조사에서 B/C 분석 값 '1'을 쉽게 넘지 않겠나 생각한다.

③ 9호선은 서울지하철 중에서 유일하게 '일반'과 '급행'을 병행하여 운행하는 지하철이다. 김포와 인천 사람들은 '일반' 또는 '급행'의 무정차 역사를 지나가는 9호선을 타면 김포시와 인천시는 물론 서울의 주요 도심부를 지나는 당산, 여의도, 고속버스터미널, 삼성, 잠실 등 수도 서울의 동서축을 관통하는 지하철을 타게 된다. 지하철의 편익과 효용의 이용면에서 5호선 연장보다 9호선이 비교우위가 높지 않은가!

④ 5호선 연장의 편향된 노선 결정 결과에 따라 지역민에게 미칠 후폭풍 우려를 사전에 예방하자는 것이다.

⑤ 서울시와 이미 협의를 맺은 방화동 폐기물 건폐장과 차량기지창 이설(移設) 문제는 김포시가 수용. 두 지자체 간에 노력하여 이룬 협약이므로, 차량기지창은 연장 9호선의 김포 종점 지역으로 이설하는 것이 합리적이다.

⑥ 끝으로 지하철 9호선 연장 도입 안은 김포골드라인 도시철도 경영의 한계성을 극복하고 골드라인 승차인원의 안전을 담보하기 위해 김포 정부가 결정해야 할 최고의 정책적 과제이다. 또한, 한 지자체만의 문제가 아니라 국가가 결정해야 할 차원의 문제인 것이다.

필자는 공익(公益)의 차원에서 9호선 연장이 성사되기를 희망한다. 김포의 미래가치 창조와 발전을 위해서 서울지하철 9호선 연장의 도시철도 인프라 구축은 김포에 꼭 필요한 도시개발사업이다. 김포의 여야 정치권 인사들은 '김포당'이라는 한뜻으로 모아 9호선 연장을 성사시키는 데 주력해 주기 바란다.

둘째, 이른바 수도권 광역급행철도 GTX-D의 건설이다

GTX의 표정속도(表定速度: 교통수단의 운행거리를 정차시간을 포함한 소용시간으로 나눈 값)는 시속 100km 최고속도 200km이다. 지하 50m 이하의 공간을 활용하여 지하철보다 더 깊고 빠른 대심도(大深度) 철도교통 수단이다. 수도권 외곽에서 서울 도심과의 연결이 30분대에 가능하며, 수도권 외곽을 크로스해서 도시 간 100km 이상 거리를 1시간대에 주파가 가능하다.

국토부 관보에 김포(장기)에서 용산까지의 GTX-D 직결 계획이 확정 고시되었다. 현재 계획이 확정된 것일 뿐 완공될 때까지 어떠한 문제가 발생할지 누구도 알 수 없다. 그러나 서울을 동서축으로 하는 GTX-D(Great Train Express)의 수도권 광역급행철도 건설 사업은 기필코 성사되어야 한다. 왜일까? 그 개발의 기대 효과를 생각해 보자.

① 각종 문화·서비스·상업 등의 '탈서울화' 현상에 GTX로 인한 김포로의 유입 및 지방 상권의 경제활성화 촉진

② GTX로 인한 김포로의 다양한 고급 일자리 창출 및 유치 기회의 확대(대학, R&D 연구기관, 백화점, 기업 등)

③ GTX로 인한 김포시의 미흡한 도시기반 인프라 시설 개선과 확충. GTX 역세권 개발과 입지 여건에 따른 신규 도시개발구역 조성 및 구시가지 도시재생 촉진

④ GTX로 인한 김포 관내에서의 주거와 직장의 융합이 가져오는

자족도시 기능 강화, 이른바 베드타운(침상도시) 한계 극복

이러한 연유에서 GTX-D의 김포 인입(引 入)은 반드시 성사되어야 한다. 김포시의 주민은 물론, 특히 여야 정치권 주자들은 자신의 정치 생명의 명운을 걸고 확고한 의지를 가지고 GTX-D의 김포 인입을 반드시 성사시켜야 할 것이다.

제3장

김포시 서울 편입과
행정체제 개편

1. 김포시 서울 편입 문제

김포시의 서울 편입과 관련한 문제가 22대 국회의원 선거(2024. 4. 10)를 계기로 정치권의 국민적 핫 이슈로 떠올랐다. 김포의 서울 편입 논의는 경기도지사(김동연)의 경기북부 특별자치도 공식화가 거론되면서 시작된 일이다. 경기도를 북과 남으로 나누는 분도가 될 경우, 김포시는 어느 한 쪽으로 편입되어야만 한다. 한강에 길게 접해 있는 김포시는 행정구역상 한강을 건너 경기북도에 편입시키기가 지리적으로 애매한 위치다. 그러나 경기도지사의 경기북부 특별자치도 공약을 추진하는 절차에는 김포시가 포함될 가능성이 높다는 것이다. 이에, 선제적으로 국민의힘 김포시을 선거구 후보(당협위원장 홍철호)가 경기도 분도론에 반하는 '그렇다면' 김포시를 서울에 편입하는 통합을 처음 선거공약으로 발표했다. "경기북도 싫어요, 서울특별시 좋아요"라

김포시

는 슬로건을 걸고 말이다. 이어 국민의힘 소속 김포시장(김병수)이 서울편입론을 펼치는 등 김포의 서울 편입 문제가 선거판의 핵심 주제가 되었다.

국회 22대 총선에서 여당 국민의힘의 김포시 서울 편입 주장과 더불어민주당의 경기도 분도 주장은 각각 당론으로 대립 구도를 이루며 평행선을 그었다. 이때 국민의힘 중앙당은 김포 외의 다른 도시들(구리, 하남 등)까지 범위를 확장하는 주장을 수도권의 선거 핵심 전략으로 펼쳤다. 22대 총선에서 선거 결과는 서울 메가시티를 주장하던 해당 지역구의 국민의힘 후보들이 낙선하고 선거 유세에서 "목련 꽃이 피는 봄이 오면 김포시는 서울이 될 것"이라고 호헌한 당 대표격 비상대책위원장(한동훈)은 패배의 책임을 지고 물러남에 따라 김포시 서울 편입론은 일단 추진 동력을 잃게 됐다.

　김포의 한 지역 신문이 실시한 '김포의 서울통합에 대한 설문조사'에서 두 야당 당선인 국회의원(더불어민주당의 김포 선거구 갑·을 김주영, 박상혁)은 '김포─서울통합이란 중차대한 명제'의 문항에서 무응답이었다고 한다. 이 '무응답'이 진정 김포를 위한 것인지, 아니면 정치판의 당론을 따른 것인지 …… 국회 입성을 축하하기 전에 무응답 의지가 무엇인지 궁금하다.

　김포시는 서울시와 공동연구반을 차려 서울과의 통합 상생 비전에 대한 방향을 논의하며, 해외 도시 사례 및 재정효과 등에 대한 분석을 다각적으로 검토 중이라고 한다. 김포시 주민의 생활권이 서울로 확대하는 추세에서 행정구역이라는 인위적 분리가 무의미하다는 것이 김포시 행정의 입장인 것 같다. 과연 시민이 원하는 방향은 무엇일까.

　필자는 김포시의 서울 편입 때문에 김포시 지자체의 행정구역이 소멸되는 것을 원치 않는다. 관습법에 기초한 김포시 행정구역의 존치를 고집하지는 않는다. 다만 서울에 통합하는 길만이 능사가 아니라는 의미다. 김포시와 수도 서울이 상호 '도시력(都市力)'의 보완점을 찾아 상생 발전할 수 있는 길을 찾아야 한다. 그리고 수도 서울은 영국의 수도 런던, 프랑스의 파리, 일본의 도쿄에 버금가는 글로벌 시티로 키워야 한다. 뉴욕, 런던, 파리, 도쿄 등은 주변의 위성도시들을 합병하지 않았다. 서울의 위성도시 김포는 곧 인구 50만에서 70만 명의 대도시로서 행·재정 자치 권한이 확대되는 '특례시'의 자격을 받게 된다. 그래서 수도 서울과 합병하는 것만이 김포가 살 길은 아니라고 본다. 이제 '김포시의 경쟁력은 도시력'이라는 차원에서 김포 행정의 실체가 실존되어야 한다.

2. 도시개발 차원에서 본
행정구역 조직 변경의 의미

　김포시는 지방자치법 정부개정 법률안 시행에 따라 인구 50만의 대도시로 진입됐다. 인구 50만 이상 대도시는 이전보다 한층 넓어진 자치권을 행사할 수 있다.

　7기 민선 시장(정하영)은 늘어나는 행정수요 변화에 선제적으로 대응하기 위하여 부시장 단장하에 16개 관련 부서장을 팀장으로 '50만 대도시 특례 사전검토단'을 구성하는 등 다각적인 노력을 기울인 바 있다.

　한편 8기 민선 시장(김병수)은 김포시 읍면동 행정체제 개편 연구용역을 실시함과 동시에 시의회 의원설명회와 시민설명회를 통해 김포시의 행정구역 개편 최적 대안을 도출한 바 있다. 경기도에서 처리하던 25개 분야 사무를 부분적으로 이양받게 되는 경우 한층 더 넓어진 시 행정의 자치권을 행사할 수 있게 되는 것이다. 시장 역임 2년차 김병수 시장은 '통하는 70도시 우리 김포'라는 시정 구호로 출범한 이래 중앙정부와 경기도 등 각계 관계기관과 '소통으로 통'한다는 적극 시정을 펴고 있다.

김포시는 '2035년 김포 도시기본계획'이 경기도로부터 최종 승인을 받았다. 도시기본계획은 '국토의 이용 및 이용에 관한 법률'에 따라 지방자치단체장이 수립하는 최상의 법정계획이다. 도시기본계획에서는 인구 지표가 가장 중요하다. 도시의 각종 기반·편익시설의 지표나 행정, 교육, 복지, 경제 등 모든 분야가 인구를 바탕으로 계획되기 때문이다. 계획인구는 주거·상업·공업 용도로 개발이 가능한 시가화 예정용지 확보와 더불어 도시개발사업이 지속적인 도시성장을 이끄는 동력이 된다.

김포시는 현재 신규 개발사업 추진 시 공공·기반시설 확보에 역점을 두고 있다. 특히 상급 기관 (국토부, 경기도)에서 확정하거나 추진 중인 철도와 도로망 계획에 김포시 자체 계획을 이번 도시기본계획의 지구단위계획에 대폭 반영할 수 있게 된 것이다. 현재 인구 50만의 김포시는 2년 연속 50만 명 이상 인구를 유지하면, 도(경기도)에서 분리되지는 않지만 앞으로 재정·행정 관련 자치 권한이 확대돼 주민자치에 쓸 수 있는 예산이 늘고 또 주민조례를 발의할 권리 등 폭이 넓어진다. 이만큼 김포시는 자치능력이 강화된 활력적인 지자체로 도시개발을 수행할 수 있게 되는 것이다.

일부 전문가들은 김포-서울 통합으로 인한 국가적 경쟁력 향상에 기대를 표하고 있다. 특히 서해 바다와 한강이 하나로 이어졌을 때 기대되는 시너지 효과를 무시할 수 없어 김포시와 서울의 행정구역 인위적 분리는 무의미하다는 의견이다. 그러나 필자는 인위적 분리가 유의미하다는 견해다. 왜냐하면, 김포에 면한 바다와 한강 하류의 호수와 같은 담수와 물줄기는 김포가 미래 도시개발사업에서 이용할 가치가 있는 토지적 자산이기 때문이다. 항구가 없는 수도 서울의 취약점을 김포의 자산 가치로 보강하여 김포와 서울이 함께 글로벌 시티로 상생 발전 하는 데 큰 의미를 두는 것이다.

김포를 서울의 행정구역으로 통합할 필요가 없다. 서울의 서쪽 모퉁이 바다와 한강을 낀 김포반도에 독립적으로 도시 행정 자치권을 행사하는 '지자체'가 존립하는 것이 중요하다. 따라서 김포의 도시개발사업이 중요하다. 필자는 대한민국의 김포시라고 하는, 지방자치단체의 도시 가치를 힘주어 말하고자 하는 것이다.

제4장

김포시 미래 도시를 위한
도시개발의 3대 주제

본 장에서는 '15분 도시', 콤팩트 시티(compact city), 메가시티 리전(megacity region)의 도시 개념과 도시 내용의 성격을 지리학의 관점에서 생각하고, 김포시가 유념해야 할 도시공간계획의 사고(思考)와 방향성을 다룬다.

1. 15분 도시

21세기 세계적 화두가 된 '15분 도시' 개념은 프랑스 학자 카를로스 모레노(Carlos Moreno)가 만들었다. 카를로스는 그의 저서 『도시에 살 권리』(양영란 역, 2023) 여섯 번째 장 「현실에 입각한 접근성」에서, 그동안 시간이 도시와 인간사회에 미친 영향을 상기시키며 도시 공간에서 간과되어 온 주민과 주민 간의 관계, 개인-삶의 장소 간 관계를 이제라도 반영하기 위해서는 '시간도시계획(chrono-urbanism)'이 필요하다고 말한다. 그리고 시간도시계획의 구체적 모델로 '15분 도시'를 제안한다. 15분 도시는 이미 존재하는 시설들에 기존의 기능과는 다른 기능을 부여하고, 요일과 시간대에 따라 다르게 이용될 수 있도록 함으로써 도시의 본질적인 사회적 기능, 즉 주거, 노동, 생활필수

품 조달, 교육, 건강, 여가 6가지 기능에 접근할 수 있는 반경을 줄여 여러 개의 중심을 가진 도시로 만드는 것을 의미한다(한지혜, 2023).

중요한 대안으로 '15분 도시'를 제안한 카를로스는 많은 핵심 문제를 던진다. ▲ 도시에서 그토록 많은 이동이 왜 필요한가? ▲ 거의 1세기 동안 자동차에만 의존해 온 이동체계 ▲ 도시의 공간확산 파행−직주 장거리 출퇴근 ▲ 건축 구조물 중심의 도시공간·공원과 녹지공간 부족·토양의 방수포장 등. 그리고 오늘의 도시는 세계화 과정의 침전물이 차곡차곡 쌓이는 폐기물 처리장 같다는 신랄한 비판을 한다. 또한, 인간과 자연은 서로 분리할 수 없는 복합성을 띤 하나의 통합체이기 때문에 도시와 지구의 기온 상승으로 인한 기후위기를 대처하기 위해서 도시 내의 탄소 저감 등 녹색공간을 공공이 나서서 도시 내에 조성해야 한다고 주장한다.

현대 도시에 대한 비판과 함께 15분 도시의 실현을 위해서 시민을 위한 서비스들을 가까운 거리에 배치하여 시간의 소비를 최소화하는 도시공간을 만들기 위해 역점을 둘 것을 강조한다. 그렇게 함으로써 시민과 가족, 이웃이 불필요한 이동으로 많은 시간을 허비하는 것을 막고 장소와 시설의 활용도를 높이며 자신이 사는 곳의 자부심과 애착심을 고양시킨다는 지론이다. 그리고 사람은 생각할 시간의 여유를 많이 가질 수 있는 생활 속에서 자유로울 때, 깊은 생각에서 오는 새로운 것의 창출이 가능하다는 것이다. 그러기 위해서는 복잡다양한 도시생활의 이동거리를 줄이고 '시간기회'를 잡아야 한다는 것이 15분 도시의 본질이다.

도시에서 시민들이 근린생활권 내에서 보내는 시간이 증가함으로써 '15분 도시' 실현의 당위성도 도시개발 차원에서 커지고 있다. 2014년 파리 시장 안 이달고는 파리 시민들의 '15분 도시' 실현을 정책공약으로 제시하였고, 이를 실현하기 위해 주거지와 인접한 곳에 문화, 체육, 의료, 상업 시설의 배치를 추진하였으며, 2020년 재선에 성공하였다(윤대식, 2023).

카를로스 모로네가 주창한 도시에서 살 권리, '15분 도시'는 결국 지금과는 다른 방식으로 살고, 소비하고, 일하고, 도시에서 거주하는 의미인 것이다. 김포시에도 시사하는 바가 크다. 김포시는 현행 도시개발사업의 관행에서 벗어나 '15분 도시' 개념 도입과 실현을 위한 시 행정 차원의 도시계획 수립이 있어야 할 것이다.

2. 콤팩트 시티

콤팩트 시티(compact city)는 미국의 두 학자 조지 댄치그(George Dantzig)와 토마스 사티(Thomas Saaty)가 처음 제시한 도시 형태다. 도시계획 및 디자인의 한 형태로서, 공간을 효율적으로 사용하고 지속 가능한 방식으로 도시를 구성하는 개념이다. 이는 도시 내 거주, 교통, 비즈니스, 레저 등의 다양한 기능들을 조화롭게 통합하여 인프라를 최적화하고 도시의 에너지 소비, 대기 오염, 교통 혼잡 등을 줄이는 것을 목표로 한다.

콤팩트 시티(기능 집약 도시)의 주요 특징은 다음과 같다. ▲ 거주자들이 필요한 서비스와 시설에 쉽게 접근할 수 있도록 고층 건물과 주거와 상업지의 고밀도 개발, ▲ 개인 자동차보다는 대중교통 활용의 용이성, ▲ 도시 내에 인접한 곳의 다양한 도시기능의 혼합 사용 가능성, ▲ 녹지 및 공공의 보행자 전용 거리, 공원, 광장 등의 공간을 확보하여 시민들이 자연과 문화적 활동을 즐길 수 있는 도시환경 조성, ▲ 지속 가능한 에너지 및 자원 사용 등.

콤팩트 시티의 대표적인 사례가 미국 오리건주의 인구 100만이 넘는 도시 포틀랜드가 꼽힌다. 이 도시는 공공교통 시스템을 강화하고 다운타운의 CBD 중심부에 주거 공간과 상업 시설을 혼합하여 거주자들이 필요한 서비스에 쉽게 접근할 수 있도록 조성되었다. 자전거 인프라를 지원하는 등 도심 곳곳에는 공원과 녹지지역이 있어 시민들이 자연을 즐기며 활동할 수 있는 도시 공간을 제공하고 있다.

우리가 아는 뉴욕시는 세계적인 거대 도시 중에서도 인구밀도가 가장 높은 도시의 하나로 꼽힌다. 마천루의 고층 건물과 혼재된 주거지역, 상업지구가 도심부에 위치하여 뉴욕 시민이 필요한 서비스와 문화시설에 쉽게 접근할 수 있도록 구성되 있다. 지하철 시스템과 버스 노선이 발달되 있어 대중교통을 이용하는 사람들이 많다. 뉴욕의 다양한 도시기능을 아우르는 도시 인프라 공간구조가 콤팩트 시티의 표상이란 점에서는 아무도 이견이 없을 것이다.

국내의 경우 수도 서울은 대중교통 체계를 확충하고 도심 재개발을 통해 콤팩트 시티를 추구하고 있다. 서울의 한강공원과 같은 대규모 공원과 녹지 공간은 도시 안에서 자연을 경험할 수 있는 장소로 유명하며, 도심과 자연을 조화롭게 이어주는 역할을 한다. 또한 상업지역과 주거지역을 혼합하고, 공공교통을 활용한 스마트 시티 구축 등을 통해 콤팩트한 도시 구조를 지향하고 있다.

김포시는 '김포한강2' 콤팩트 시티를 건설할 계획이다. 위치는 김포시 마산동, 운양동, 장기동, 양촌읍 일원의 저평한 토지, 택지개발 면적은 731만m²(약 240만 평)로 4만 6000호. 여기에 서울지하철 5호선 연장노선 구간을 더 연장(국토교통부 안)함으로써, 전철역 종착지를 중심으로 300m 반경의 초역세권을 불룩형 콤팩트 시티로 만든다는 것을 목표로 한다. 구체적인 계획의 골격은 광역교통망(지하철, GTX, BRT 노선버스, UAM 등)의 수평·수직적 연계와 역세권 중심부와 인접지역에 고밀·고용도의 토지이용을 위한 공공주택, 상업, 창업 지원, 환승센터 입지를 목표로 하는 도시개발 구상이다. 김포반도의 중원 지방(통진읍) 교통 입지와 결합한 콤팩트 시티 도시개발사업은 글로벌 트렌드의 개발 수법에 맞춰 수립한 시의적절한 시정 차원의 계획이라고 본다. 하지만 김포시의 지하철 역세권 콤팩트 시티 도시개발사업이 현실적으로 구현되려면 서울지하철 5호선 연장이 선결 과제이다.

3. 메가시티 리전

　메가시티(megacity)는 한 도시의 인구가 1000만 명이 넘는 도시를 가리킨다. 인구수가 강조된 개념이다. 일본 도쿄, 인도 델리, 중국 상하이가 그 예다. 이에 대해 '메가시티 리전'은 넓은 지역 내에 여러 개의 대도시 간 '연계'를 강조하는 연담도시 지역을 일컫는 개념이다. 메가시티 리전은 단일 행정체제가 아니라 주핵심 도시와 주변 지역의 지자체가 기능적으로 연합되어 1000만 명 이상의 일일생활권을 형성해 시너지를 창출하고 국가의 글로벌 경쟁력을 확대하고 있다. 프랑스 그랑파리 메트로폴, 영국 제1도시 런던과 지자체의 광역연합, 일본 수도 도쿄도(東京都) 등이 대표적인 사례이다.

　프랑스 지리학자 장 고트망(Jean Gottmann)은 『Megalopolis: The Urbanized Northeastern Seaboard of the United States』(1961)

라는 저서에서 미국 동부의 보스턴, 뉴욕, 피라델피아, 볼티모어, 워싱턴 등 대도시와 그 주변 도시화된 연담도시 지역을 메갈로폴리스(megalopolis)라고 일컬었다. 그리스어로 메가는 '크다', 폴리스는 '도시'를 뜻하므로 이를 합성한 메갈로폴리스는 '큰 도시'를 뜻한다. 엄밀히 말해서 '메가시티 리전(megacity region)'과 '메갈로폴리스'는 도시용어상 같은 맥락의 의미로 해석할 수 있다.

김포시는 수도 서울의 '메가시티 리전' 글로벌 광역경제권에 속한다. 지리학자 장 고트망이 말한 고속도로망을 따라 발달한 미국 동부의 메갈로폴리스와 비견되는 서울 중심의 수도권 동서축 도시회랑(urban corridor) 지역에 속하는 것이다. 김포가 인구 50만 명 이상의 대도시 지위로 격상되면 도시개발, 도시경제, 환경 등 25개 분야 80개 업무에 대해서 경기도로부터 직접 처리할 권한을 받게 된다. 김포시는 그만큼 도시개발 차원의 계획을 수립하는 데 행정 권한이 더욱 유연해진다. 따라서 수도권에서 유일하게 서울과의 직결 지하철 연계가 없다는 한계를 빨리 극복해야 할 것이다 .

제5장

도시개발 차원에서
김포시가 해야 할 일

본 장은 (도시)지리학의 관점에서 김포시가 추진하는 도시개발사업의 계획에 대해 언급하고 이미 잘못된 도시개발사업의 오류가 시정되기를 바라는 마음으로 김포신문 오피니언 코너에 기고한 수기(手記) 형식의 글이다.

1. 김포의 '나진평야'를 말한다

김포 나진평야는 어떤 곳인가

　김포시의 원도심과 김포한강신도시 사이에 면한 저평(低平)한 곳이
나진평야다. 평야의 면적은 대략 150만 평. 나진포천과 계양천 두 하
천이 이곳에서 합류하여 한강 유역으로 유입한다. 김포대수로라는 인
공 농수로가 넓은 평야지대를 흐른다. 나진평야는 도시관리계획상 생
산녹지의 토지이용 규제를 받는 벼농사의 곡창 지대이다.

　서울에서 강화로 가는 48번 국도, 8차선의 김포대로가 나진평야의
벌판을 관통해 지나간다. 이 국도를 경계로 동편의 나진평야는 한강
수변까지 지세가 저평한 평탄면이고, 서편의 평야지대는 100m 내외
의 야산, 즉 잔구(殘丘)가 있는 지형 지세를 이룬다. 나진평야는 김포

시의 가장 요충지인 시가화지역(市街化地域)의 한복판에 있다(네이 버맵 위성지도에서 확인 가능). 크고 작은 고층 건물군의 아파트단지 들이 나진평야의 들녘을 병풍처럼 에워싸고 있다(카카오맵 3D 스카이 뷰 위성지도에서 확인 가능).

김포시 관내 어느 곳보다도 양호한 교통의 요지이다. 48번 국도와 지방도로가 교차하는 격자형 도로망, 김포 지하경전철 도시철도망, 접 근성이 양호한 공항터미널(국내선 김포공항, 국제선 인천공항) 등 도 로, 철도, 항공 교통망 등으로 최적의 입지 여건을 갖춘 곳이다. 한강의 워터프론트 뱃길과의 수륙 교통도 기대된다. 김포의 중심 도시공간에 거대한 녹색 '나진평야'가 있다는 것 자체가 김포의 큰 축복이다. 김포 의 미래가치 창출을 위한 큰 자산이 되기 때문이다.

도시개발 압력에 직면한 김포 '나진평야'의 운명은?

인구 50만 시대를 넘어 100만 도시를 준비하고 있는 김포시는 주거 용지와 도시 기반시설(학교, 공원, 길, 상가) 등의 확충을 위해 도시개 발 압력을 크게 받게 될 것이다. 이미 걸포동 200번지 일원의 나진평 야 8만 평을 용도변경하여 아파트와 주상복합, 소위 융복합도시라는 3 개 동의 아파트 단지가 건설을 완료(2019년, 4000세대 분, 최고 층수 는 45층)하였다. 나진평야의 속살을 잠식해 들어간 것이다(네이버맵 위성지도에서 한강메트로자이 1, 2, 3 아파트단지 참조). 김포시는 걸 포동 57-1번지 일원의 25만 평을 '걸포4지구 도시개발사업' 예정지로 고시했다. 고지 일정대로라면 2021년 8월 경기도로부터 개발계획 사 업승인 예정, 2022년 8월 실시계획 인가, 2023년 3월 공사 착공, 2026 년 공사 준공 예정이다. 이렇게 되면 48번 국도 동편 나진평야의 들녘 전역이 한강신도시와 김포의 원도심권을 연결하는 신시가지로 탈바 꿈 하게 될 것은 시간 문제다. 나는 나진평야가 이른바 '도시개발사업' 의 일환으로 소멸되는 것을 원치 않는다. 나진평야의 원형 그대로 친 환경적 자연·생태공간을 유지하며 김포시민 누구에게나 삶에 활력을 불어넣어 주는 녹색공간으로 살아남기를 바란다.

미래가치 창조를 위한 '나진평야' 개발계획

어느 저명 저널리스트는 "지리는 힘이다. 지리를 알면 세상이 보인 다"고 했다. 은유적 표현일 게다. 나는 지리(학)를 업(業)으로 한 사람 의 입장에서 '지리는 힘이다'란 말에 전적으로 공감한다. 일찍이 1858 년 뉴욕 센트럴파크 설계 공모에서 '잔디밭 계획'이 당선됐다. 뉴욕시 맨해튼 중심부에 있는 700에이커(88만 평)의 직사각형 땅이 뉴요커들 에게 생명을 불어넣어 주는 공원이 되었다. 공원 완성까지는 20년이 넘게 걸렸다. 지금 뉴요커들은 일상에서 센트럴파크의 녹지대와 숲,

호수, 산책로를 즐긴다. 공원 내 보트하우스 카페에서는 음료수를 마시며 휴식을 취한다.

공원 탄생 이후 1988년 루돌프 줄리아니 시장 시절, 뉴욕시와 민간기구인 센트럴파크 보존위원회 등이 공원 관리를 위해 협약을 맺어 본격적인 민관협력이 가능해졌다. 민관이 운영하는 각종 축제와 행사가 열린다. 여기엔 뉴욕의 모든 것이 동원된다. 메트로폴리탄 박물관, 링컨센터 재즈 오케스트라, 뉴욕 필하모닉 등 새벽의 자전거 경주에서부터 저녁에 잔디밭에서 열리는 콘서트까지 행사가 줄을 잇는다. 그리고 뉴욕시 어디에서나 볼 수 있는 불빛 쇼가 열린다(동아일보, 2003. 5. 16. 기사 발췌. "삶에 지친 뉴요커, 센트럴파크여 영원하라!"). 필자는 뉴요커들이 뉴욕시 마천루 빌딩에 에워싸인 센트럴파크에서 산책을 즐길 수 있듯이, 도시숲 속 나진평야의 들녘이 김포시민이 즐길 수 있는 공간으로 개발되기를 바란다. 시당국이 추진 중인 나진평야 일원의 도시개발사업 계획의 고지(告知)에 대해 역발상 차원의 대안을 제시하는 것이다.

나진평야 프로젝트 도시계획의 기본 구상과 전략

나진평야 개발 프로젝트는 김포시 도심 속의 고층 건물군 아파트단지 확산을 방지하고, 나진평야의 거대한 친환경적 자연·생태·녹지 공간을 유지하며, 나진평야의 입지적 특성을 고려한 도시개발사업의 정책 비전과 전략을 제시하는, 그리고 나진평야를 매개로 김포의 미래가치를 배가하기 위한 도시계획이어야 한다. 계획의 주된 목표는 ① 나진평야 일대의 대단위 공원 개발을 통해 김포시의 항구적 발전 시너지 효과 창출, ② 김포시 지역경제의 경쟁력 강화, ③ 김포시의 문화·관광 특화산업의 고도화를 구축하는 데 있다.

나진평야 공원 계획의 디자인 콘텐츠

지구단위 도시계획 기법에 근거하여 나진평야(150만 평) 전 지역을 크게 4개 구역으로 나눈다. 48번 국도 양쪽에 대단위 테마파크 주제공원을 설정하여 일체의 나진평야를 거대한 김포의 중심 공원지구로 조성한다(가칭, 김포-중앙 문화·관광·휴식공원).

제1구역: 잔디·휴식공원

한강신도시와 이웃한 15만 평 규모의 잔디밭을 조성하여 문화예술, 음악, 공연 등 시민의 휴식장소를 제공한다. 뉴욕 센트럴파크 잔디공원을 벤치마크해도 좋을 것이다. 센트럴파크는 뉴욕시 맨해튼 중심부 동서 800m 남북 4km 직사각형 모양의 도시공원으로 산책로, 호수, 연못, 분수 등이 조성되어 걸어서 2시간 정도 다닐 수 있다. 사시사철

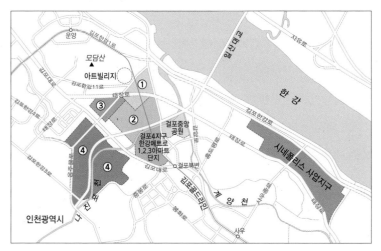

나진평야 공원 조성 개념 구성도

① 제1구역: 잔디·휴식공원(약 15만 평)
② 제2구역: 다목적 스포츠 아레나 운동공원(약 20만 평)
③ 제3구역: 수목원·꽃밭 산책공원(약 10만 평)
④ 제4구역: 화훼 생산 단지 농장공원(약 50만 평)

다른 매력이 다가오는 공원으로 민·관 협동 비영리단체인 센트럴파크
관리위원회에서 운영한다.

제2구역: 다목적 스포츠 아레나 운동공원

나진포천 위쪽에 면한 20만 평 규모에 운동시설을 설치하여 시민의
생활체육 향상을 위한 레포츠 장소를 제공한다. 주경기장, 테니스장,
농구 코트, 보조운동장, 풋살장, 족구장, 나진포천 변의 노천 수영장,
아이스링크, 썰매장, 카누, 조정 등 종합 레포츠 인프라를 구축한다.

제3구역: 수목원·꽃밭 산책공원

48번 국도의 동편, 김포가도에 인접한 10만 평 규모의 대단위 화목 꽃길 정원을 조성하여 시민의 나들이, 꽃 축제 장소로 제공한다. 네덜란드 쾨켄호프 공원을 벤치마크하면 좋을 것이다. 쾨켄호프 공원은 암스테르담 근교 남쪽 30km 지점의 작은 도시 리세에 위치한 공원으로 10만 평의 부지에 꽃과 잔디밭, 산책로의 조각 작품, 백조가 노니는 수로와 연못이 조성되어 있으며 유명 튤립 축제가 열리는 곳이다. 매년 3월 말부터 5월 중순까지 8주 동안 열리는 튤립축제에는 유럽과 미국 등 세계 각지에서 100만 명에 육박하는 관광객이 찾아 입장료 수입만 100억 원에 달하는데, 관광객을 위한 쇼핑과 식당 등도 철저한 수익 사업으로 운영되는 공원이다.

제4구역: 화훼 생산 단지 농장공원

48번 국도 서편에 접한 50만 평 규모의 나진평야에 화훼산업을 위한 화훼농원 인프라를 구축한다. 화훼의 생산, 가공, 유통. 생화 해외 수출단지, 영농기술교육 및 체험학습장, 관광코스 화훼마을 전원형 농가 등에 이르기까지, 이른바 화훼의 융복합 4차산업을 선도하는 테마파크 공원을 조성하는 것이다. 공원 내 쇼핑, 식당, 기타 부대시설을 이용한 수익사업을 운영할 수도 있다.

나진평야 공원 개발계획과 2035년 김포 도시기본계획(안)

　김포시가 '도시개발사업 예정지'로 고지한 나지평야를 '테마파크 체험관광 공원지구'로 개발할 것을 천명한다. 나진평야 개발사업은 어느 한 자치구나 지자체의 몫이 아니다. 상위 기구인 경기도와 협력하여 계획과 집행을 추진할 과제이다. 김포시민의 찬·반 여론 수렴 또한 중요하다. 나진평야를 '특별도시개발지구'로 고시하여 김포시 도시기본계획(2020~2035년) 기간 안에 관민 협업의 시정(市政) 차원에서 다목적 공원 조성을 위한 도시개발사업을 추진할 것을 제안한다.

　김포시청 본관 옥상에는 "김포의 가치를 두 배로"라는 가설판이 설치되어 있다. 이는 시정 목표가 '평화, 문화, 생태, 관광'을 콘셉트로 하는 김포시의 관광산업 도시 만들기와 맥을 같이하는 것이다. 한국관광공사 빅데이터 분석에 따르면 근거리 여행과 레저 등 체험을 중시하는 관광 트렌드가 확산할 것이라는 전망이다. 우리의 생활패턴 중에서 큰 비중을 차지 하게 될 시대적 흐름이다. 앞으로 '보고, 먹고, 즐길 수 있는 체험형 관광산업'은 김포의 지역경제 활성화에 큰 버팀목이 될 것이다. 김포시 의회의 박우식 의원은 한 인터뷰에서 "김포와 인접한 강화군을 찾는 연간 관광객은 약 500만 명으로 추정된다"며 "김포는 서울·인천·일산·부천 등 인근 메가시티와의 접근성이 강화보다 우월해 관광산업 전략을 제대로 세워 실천하면 김포가 관광산업의 메카가 될 수 있다"고 했다. 나진평야는 그 자체가 거대한 공원이니까 거대한 조형물의 랜드마크가 필요 없지 않은가. 뉴욕 맨해튼 센트럴파크의 공원 역사 기록을 귀감 삼아 나진평야를 역사적 공원(지구)으로 만들어 보자. 그래서 김포시가 세계 속의 관광산업 메카가 되도록!

필자는 김포로 이사 와서 20년 넘게 살았다. 그동안 역대 민선직 시장을 거치면서 김포시의 도시계획위원으로 자문을 하기도 했다. 이제 나의 소망은 나진평야 들녘이 김포시민 누구에게나 삶의 활력을 불어넣어 주는 생명의 오아시스 같은 공간, 그리고 누구나 와서 즐기는 관광의 메카로서 실현되는 것이다. 그 꿈을 그려 본다.

(2021. 8. 22.)

2. 김포골드라인을 제척(除斥)하여
지하도시를 건설하자

어느 일간신문 일면에 톱 기사로 이런 머릿글이 실렸다. "매일이 '헬러윈 그날' 같은 김포골드라인"(조선일보, 2023.4.13). 서울의 이태원 참사에 빗대어 김포 지하경전철 출근길 압사 공포증을 기사화한 기자의 현장 르포다.

이미 도시철도 김포골드라인은 '지옥철'이라는 오명으로 유명해졌다. 골드라인은 두 량짜리 미니 지하철이다. 열차 한 칸의 적정 인원은 86명, 최다 수송 인원은 115명, 매일 출근 시간의 평균 이용자는 280명으로 최다 수송능력의 배 이상을 넘는다. 역장의 전언에 의하면 열차의 플랫폼이 북새통을 이뤄 지하 1층과 2층을 연결하는 계단 위까지도 승객들이 길게 줄을 서는 일이 매일 반복된다고 한다. 80세가 넘은

내 경우, 주로 낮 시간에 골드라인을 이용하는데도 앉을 자리가 없을 때가 많다. 젊은이가 앉은 자리 앞에 가서 서자니 미안하고 나 같은 노인 앞에 가서 서도 피차 눈치가 보여 민망해진다. 그래서 나는 아예 자리가 날 때까지 서서 가기로 작심을 한다. 몸은 피곤해도 마음은 편하기 때문이다.

전문가들에 의하면 배차 간격을 줄이거나 차량을 몇 대 증차해도 미봉책일 뿐, 김포골드라인은 어떤 대책도 불가한 열차운영 시스템이라고 지적한다. 애초에 설계와 수요 예측 모두가 잘못된, 철도건설사상 최악의 실패작이라는 것이다. 김포골드라인은 '지옥철'이란 악명에 더하여 김포시 당국의 입장에서는 없어야 할 '애물단지'와 같은 존재다. 왜냐하면 열차의 운영, 관리, 유지, 보조금지원 등의 각종 비용 지출이 돈만 삼키는 '하마' 같아서 시의 재정운영 형편에 큰 애물이 되고 있기 때문이다.

차제에 김포골드라인을 폐기 처분하고 지하경전철 23km의 구간을 '지하도시(地下都市)'로 건설하는 것이 어떨까. 폐기 처분은 빠를수록 좋다. 우선은 김포시민의 출퇴근 시 '안전'과 김포시 재정의 세출입(歲出入) '안정'을 이루려 함이다. 골드라인을 폐기함과 동시에 23km의 땅굴과 9개의 역사가 있는 지하 공간이 생겨나, 김포시의 입장에서는 도시개발사업에 유용한 토지의 자산을 일거에 획득하는 것이기 때문이다.

김포는 서울의 김포공항과 인천국제공항이 가까이 있어 항공교통의 편의성이 좋은 여건이다. 반면 이는 도시개발의 측면에서는 불리한 여건임도 알아야 한다. 김포공항에서 낮은 고도로 이착륙하는 비행기 소음은 가히 금속성의 굉음과 같다. 높은 상공을 날아 인천국제공항 주변을 떠다니는 항공기 소음도 청력을 방해한다. 특히 김포시 중남부 48번 국도축 주변 지역은 항공구역으로 고도 제한에 묶여 초고층 고밀도의 도시 건축이 제한을 받는 지대이다. 지구촌의 세계적 도시 추세인 마천루형 초고층 건물의 스카이라인 도시 경관을 기대할 수가 없고 개발을 추진해서도 안 된다. 모두 항공기의 소음과 건물 높이의 고도 제한 때문이다. 이런 관점에서 김포시는 건물의 건폐율과 용적율 관리를 위한 건축법의 각별한 유의와 도시계획상의 성찰이 요구된다. 필자의 지론은 과감히 골드라인을 폐기 처분함으로써 김포가 직면한 지상에서의 도시개발 한계를 극복하고, 지하에서의 도시기능(쇼핑몰가, 전시관, 음악당, 리조트 아레나, 지하광장, 지하벙커, 공용 차고지, 전략물자 비축기지 등등)을 갖춘 공간으로 리모델링하여 지상·지하 공히 김포의 미래 도시가치 비전을 제시하자는 것이다.

2000년부터 김포에 살아오면서 노인이 겪은 명(明)과 암(暗)의 실상들을 허허실실(虛虛實實)의 마음으로 가다듬으며 이 글을 마친다.

(2023. 4. 27.)

**

　김포의 가장 중차대한 사안은 지하철과 GTX 라인의 김포 유입 문제이다. 5호선 연장 노선도를 확정짓고 빠르게 착공하는 것이 '지하도시' 건설보다도 더 중요한 과제이다. GTX-D 라인의 구체적 논의도 가시화되어야 한다. 결국 지하철 5호선과 GTX-D 라인은 김포의 교통난 문제를 해결하는 데 어떤 대안보다도 근본 대책이 되기 때문이다. 정의와 공익에 입각한 전문가 집단의 T/F팀이 구성되어 누가 와서 살아도 안주(安住)와 일자리에 희망을 주는 도시로 발전함으로써 김포가 거듭나기를 바란다.

**

3. 가현산에 올라서 보면

김포시의 가현산

나는 아침이면 김포의 가현산(歌絃山)을 오른다. 가현산은 해발
215m의 낮은 산이다. 하지만 김포 논들의 너른 평야에 솟아 있어 그런
지, 멀리서 보아도 산세가 뚜렷한 것이 귀티마저 난다. 가현산의 정상
부가 코끼리 두상 같고 길게 뻗어 내린 능선이 마치 코끼리의 긴 콧잔
등과 같다 하여 가현산을 일명 '상두산(象頭山)'이라고도 부른다. 우리
나라 한반도의 동쪽에서 주요 산의 연봉을 잇는 맥을 백두대간이라 하
듯이, 반도의 서쪽에는 수원의 광교산, 광주의 오봉산, 부평의 계양산,
김포의 문수산을 남에서 북으로 이어서 형성하는 일맥을 한남정맥이
라 하는데, 이 맥이 거쳐 가는 산봉우리 중 하나가 김포의 가현산이다.

정상에 오르면 문수산과 애기봉이, 그 너머로 하늘이 파랗게 높을 때는 북녘 땅 개성의 송악산도 확연히 보인다. 서해안의 푸른 바다가 보이는가 하면, 강화도 마니산, 인천공항을 연결하는 영종대교, 멀리 바다 한가운데 안개 속에서 윤곽을 드러내는 인천대교도 눈에 들어온다. 김포반도를 휘돌아 서해 바다로 흘러드는 한강 하류는 마치 거대한 호수와 같다. 그런가 하면 가현산에서 내려다 보이는 바둑판 같은 논밭의 너른 들녘과 그 복판에 띄엄띄엄 자리하고 옹기종기 모여 앉은 자연부락은 김포가 쌀의 곡창임을 상징하는 듯, 한 폭의 그림과 같은 풍경을 연출한다.

가현산 등산길의 이모저모

가현산 정상부에 올라 내려다보는 맛도 훌륭하지만 가현산을 오르내리다가 숲속 길을 누비며 걷는 맛도 재미가 쏠쏠하다. 가현산 정상부에는 꽤 넓게 퍼져 자생하는 진달래 군락지가 있다. 군락지 속으로 들어가면 눈앞을 가릴 정도로 빼곡한 진달래 꽃나무들이 어른 키를 삼킨다. 이른 봄 4월 중순이면 정상부 군락지에 만개한 진달래와 산등성과 골짜기 사면 여기저기에 피는 진달래가 봄의 화신인 양 가현산 일대의 산록을 진분홍 색깔로 물들인다.

또한 가현산의 주능선을 따라 걸을 때면 모진 풍상을 겪으며 자란

소나무들을 만날 수 있다. 비록 낙낙장송은 아니나 그 서 있는 다양한 자태들이 하나같이 자못 소반의 분재인 양 일품이다. 하늘을 가릴 듯한 능선의 솔밭 숲길이 끝나는 데서 '가현산 사랑회'의 팻말과 가현정(歌絃亭)이라는 팔각 정자가 나온다. 정자 옆 몇 발자국 떨어진 경사진 곳에 가현산에서는 아주 드물게 보는 세 개의 큰 바윗덩이가 의좋게 걸쳐 있어 '삼형제 바위'란 이름으로 신묘한 분위기를 자아내며 등산객의 눈길을 끈다. 여기서 등산로 방향 표지판의 길 안내를 받아 경사가 심한 산중턱의 계곡까지 목재 데크 계단을 내려가면 지하 50m 암반의 지하수를 끌어 올려서 만든 저수조와 수도꼭지가 달린 식수대 및 운동기구를 설치해 놓은 가칭 '가현산 약수터 운동공원'이 나온다. 그리고 100여 m의 야자매트를 깐 길을 따라 더 내려가면 가현산 입구를 상징하는 2개의 장승과 등반로 안내 입간판이 나온다. 그 앞에는 몇 대의 주차 공간도 있는데 여기가 바로 장기동과 구래리 쪽으로의 하산길 방향이 갈라지는 곳이다. 한편 여기서부터는 폭 4m의 산복도로가 가현산의 산허리를 돌며 정상부의 송신 철탑까지 나 있어 차편을 이용하여 산의 정상부 직전까지도 오를 수가 있다.

가현산 산책로 웰빙 둘레길

가현산 정상부에서 시작해서 ① 진달래 군락지 ② 능선의 솔밭길 ③

가현정 ④ 삼형제 바위 ⑤ 가현산 약수터 운동공원 ⑥ 장승 입구 ⑦ 산
복도로로 이어지는 약 1200m의 코스가 가현산에서 내가 걷는 핵심구
간이다. 이 코스는 남녀노소를 막론하고 쉽게 걸을 수가 있어 안성맞
춤 '웰빙 둘레길'로 손색이 없다. 둘레길 등반코스는 김포시의 장기동,
구래리 마산동, 인천시 서구의 검단 등 주로 세 방향에서 오를 수가 있
다. 나는 이른 아침 장기동 쪽에서 올라 가현산 둘레길을 돌며 산행한
지 오래다. 봄에는 봄 내음의 진달래 꽃향기, 한여름엔 짓푸른 소나무
의 솔향기, 가을엔 붉게 물든 단풍잎의 속삭임, 그리고 겨울엔 삭풍의
바람 소리와 눈밭의 사박사박 발자국 소리. 가현산 춘하추동의 사계절
취향을 이렇게 내 방식으로 음미하며 즐감한다.

김포의 가현산 단풍나무 숲길 조성을 위하여

나는 가을에 단풍나뭇잎이 곱게 물드는 가현산을 보지 못하는 것이
무척이나 아쉬웠다. 이유인즉, 가현산에는 굴참나무, 도토리나무, 밤
나무, 아카시아 등의 활엽수와 리기다소나무가 많으나 단풍나무는 거
의 없기 때문이다. 그래서 등산을 하며 '봄에는 진달래, 가을에는 단풍'
이란 말을 머릿속에 그리면서 가현산에도 단풍나무를 심어야겠다는
생각을 골똘히 하게 되었다. 그리고 '김포의 가현산, 봄에는 진달래, 가
을에는 단풍나무' 개념의 가현산 숲길 조성 설계 도면을 머릿속에 구

체적으로 작성해 놓았다. 그런 가운데 산림청이 주관하는 국유림 숲길 조성 정책의 일환으로 가현산 등산로 정비사업 계획을 추진하는 데 관여하게 되었다.

먼저 애초의 양촌읍 '가현산 정비 현황'과 산림청 산하 서울국유림관리소의 '가현산 등산로 정비사업 계획'에 대한 주민 설명회(2011. 7. 21.)가 개최되었다. 그리고 일선 작업 현장에 나가 관계관들을 만나면서 나는 내가 구체적으로 구상하던 단풍나무 조림에 관한 의지를 일부나마 관철시킬 수 있었다. 그 결과, 가칭 '가현산 약수터 운동공원' 하단부와 주변부에 100그루의 홍단풍나무를 심게 되었다. 여기가 바로 경기도 김포시 양촌읍 구래리 산94번지, 국가의 행정재산 국유림 필지이다. 이때 산림청 산하 북부지방산림청, 김포시 공원녹지과, 양촌읍, 김포산림조합 이렇게 4개 기관 관계자들과 협조하면서 추진한 일들이 아직도 기억에 생생히 남는다.

비록 100그루의 시작은 작은 것이긴 하지만 이것이 밑알이 되어 가현산 등산로를 따라서 단풍나무 숲길 조성이 체계적으로 본격화되기 시작했다. 2011년에 식재한 100그루의 묘목이 지금은 내 키를 훌쩍 넘어 성목으로 자라서 단풍나무숲 단지를 이루고 있다. 가을에 짙게 물드는 단풍나무 풍광이 소요산, 설악산, 내장산 단풍의 절경을 보는 듯하다. 이어서 2, 3년 단위로 가현정과 삼형제 바위에서부터 가현산 등반로 입구의 장승까지 산사면 일대의 곳곳에 관계기관의 협조를 얻어 단풍나무를 보식해 왔다. 2014년에는 홍단풍 20주(공원녹지과), 2016

년 단풍나무 묘목 100그루(묘목 제공: (사)생명의숲국민운동, 식재 작업: 공원녹지과). 2018년 4월에는 약수대 운동공원 하단부의 '단풍나무 숲단지'에서부터 가현산 등산로 입구까지 산사면의 잡목 벌채와 100여 그루의 어린 단풍나무 식재를 위한 큰 작업이 있었다(공원녹지과). 이렇게 가현산 하산길의 인공 조림 '단풍나무 군락지'가 조성되었다. '김포의 가현산, 봄에는 진달래, 가을엔 단풍나무'라는 내 꿈의 설계 도면이 현실이 되고 보니, 내 자식 보듯 망연히 나만의 미소를 혼자 짓는다.

앞으로 가현산을 이렇게 가꾸자

가현산은 산자락 깊숙한 곳까지 단독주택과 아파트의 주택가가 침투해 있다. 주거지역과 접근성이 우수하여 산을 찾는 주민 수요가 많다. 나는 이런 생각을 해 보았다. 내가 걷는 가현산의 산책로에 조성한 단풍나무숲 단지가 '가현산 조림' 차원에서 '가현산 조경'의 차원으로 한 차원 높여서 경관을 업그레이드하면 좋겠다.

나는 산림청에 섭외를 요청하여 자작나무 70그루를 지원받았다. 이들을 어린 단풍나무 묘목의 바람막이로 병풍처럼 에워싸듯이 가현산 등반 산책로 입구 산중턱의 사면을 따라 심었다(산림청 지원, 2021년 5월, 자작나무 식재, 공원녹지과). 조성된 단풍나무의 숲단지와 조화

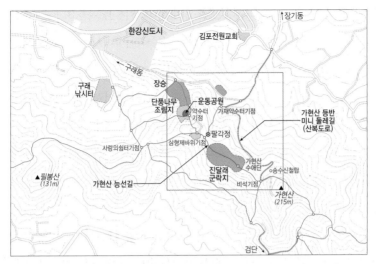

가현산 등산 둘레길 구상

롭도록 수목원과 같은 자작나무 조경사업을 추가로 펼친 것이다.

　가현산은 산의 조림사업 못지않게 수림 가꾸기의 친환경적 공법이 필요하다. 산 전체에 작업 임도를 만들어 소형 장비로 수림 속의 바르고 굵게 성장할 나무를 남기면서 불량한 임목과 잡목을 수시로 '솎아베기' 하는 방식이어야 한다. 목재를 대량 생산하기 위해 한번에 '모두베기' 하는 방식을 지양하고, 가현산의 수목 상태를 지속가능한 건강한 생태계로 유지하도록 해야 한다.

　나는 가현산에 오르면서 가현산과 많은 '대화'를 나눈다. 가현산 등산로 둘레길을 돌면서 오가는 많은 사람들을 만나며 서로 목인사도 나눈다. 개중에는 자주 만나다 보니 친화력이 생겨 "할아버지 오늘은 왜 혼자세요?" "어! 저 앞에 가는 사람이 내 내자 할마시야. 나는 허리가 시원치 않아 걸음걸이가 느리거든" 정겨운 말도 나눈다. 세상사 이야 깃거리가 많듯이 여러 부류의 사람들을 만난다. 아는 정치인도, 학교 교사도, 교회 장로도, 회사 사장도 각자의 틈새 시간을 내서 가현산 산 책 둘레길을 돈다. 김포의 가현산 정상에 '웰빙 산책 코스'가 있다는 것 을 알릴 수 있게, 4월 중순 김포시 양촌읍이 주관하는 가현산 '진달래 축제'가 열리듯이 11월 중순에는 가현산 중턱 약수대 운동공원에서 김 포시 당국이 주관하는 '단풍나무 축제'가 연중 행사로 열리면 좋겠다. 김포시민 모두에게 가현산이 먼 산이 아니라 가까이 있는 사랑받는 산 으로 다가서기를.

(2021. 11. 21.)

4. 민선 8기 김포시장에게 고하는 네 가지 진언

　김포시 주민의 한 사람으로서 귀하의 김포시장직 당선을 진심으로 축하드립니다. 임기 4년의 김포시장이 펼 시정(市政)에 관심이 큽니다. 특히 시민들은 당선인의 후보 공약인 5호선 연장과 서부권 광역급행철도 GTX-D의 실천 여부에 지대한 기대를 걸고 있습니다. 기존 시정의 도시정책과 관행을 바로잡는 것에도 김포시민은 깊은 관심을 가집니다.

　본인은 김포에 와서 25년 넘게 산 주민으로, 김포를 위해 네 가지 진언(眞言)을 디테일하고 충직하게 드리려고 합니다. 김포시가 직면하고 있는 엄밀한 현안 문제는 두 가지입니다. 하나는 지하경전철, 이른바 '꼬마' 철도교통수단의 한계이고, 또 하나는 침상도시, 이른바 '베드타운' 주거와 양질 일자리라는 부적합 '정주(定住)'체계의 문제입니다.

주지하다시피 양자는 수도 서울과 연동해서 극명하게 파생하는 문제인 것입니다.

첫째, 시장께 드리는 진언은 서울지하철 9호선의 김포 연장입니다.

김포에 9호선 연장은 왜 필수적인가! 서울지하철 9호선은 서울의 동서축 도심을 관통하는 중심 라인이며, 특히 9호선 급행을 타는 경우 수도권 대심도 광역급행철도, 소위 GTX 기능을 담보하는 수단도 되기 때문입니다. 김포시장 당선자의 첫 소감의 일성(一聲)은 지하철 5호선 김포 연장이었습니다. 그러나 '김포한강선'이라 이름한 서울지하철 5호선의 연장은 하나의 대안은 되겠지만 김포 주민에겐 차선책에 불과할 뿐입니다. 9호선 연장만이 최단(最短) 최적(最適)한 최선(最先)의 길이라 생각합니다.

서울시가 원하는 협상 의제인 차량기지(5호선) 이전 문제와 산업폐기물 건폐장 이전 문제를 김포시가 서울시와의 협치 차원에서 적극 수용하는 자세로 협상의 기선을 잡기를 바랍니다. 그리고 서울시에 대응한 5호선 '연장 공약'보다는 최선인 9호선 '유치 전략'을 짜는 데 적극 나서기를 바랍니다. 9호선의 차량기지 인프라를 김포반도의 중원에 두고 통진읍을 기점으로 하는 지하철 노선을 김포공항 9호선에 직결시켜야 합니다. 이 라인에 연접한 한강신도시, 김포원도심, 아파트 밀집 주거 및 복합상가 등은 김포의 인구 증가를 역동적으로 추동합니다. 이 라인은 곧 인구 70만에 육박할 메가시티급 김포시의 관할 내 핵심도시 지역을 관통하게 됩니다. 또한 9호선 연장구간 가까이에는 교통인구를 유발하는 인구 200만 이상의 대규모 도시지역, 즉 인천 서구, 검단신도시, 일산 신도시 등이 포진해 있습니다. 이런 관측에서 본다면, 9호선 연장은 국토부의 경제적 예비타당성 조사의 편익비용 분석 B/C 값을 만족한다고 봅니다. 서울시가 원하는 차량기지와 건폐장 부지를 김포시가 제공한다는 의지를 확고히 한다면 9호선 김포 연장은 양 지자체 간의 협치가 가능한 사업이라고 봅니다. 김포의 반대편 서울 동부 수도권에 "강일 → 미사 → 왕숙 9호선 연장, 전철 공사 착공, 2028년 개통"이라는 언론보도(한국경제, 2021. 10. 6.)가 있습니다. 어떤 연유에서건 어떤 충족 조건에서건 우리의 반대편에서는 9호선 연장이 어떻게 가능했는지를 거울(교훈)삼아 연구해 볼 일입니다. 김포 최대의 현안은 교통의 소통입니다. 시정의 전략적 계획 차원에서 김포의 지하 중전철 인프라를 옳게 구축합시다. 그 길은 9호선 지하철 연장입니다. 관철되기를 기원합니다.

둘째, GTX-D의 김포 인입(引入)을 위한 진언입니다.

국토부 관보 4차국가철도망 계획에 GTX-D 노선이 김포(장기)에서 용산까지 직결노선으로 확정 고시되었습니다. 김포와 인천 서부의 검단신도시 지역의 교통인구를 커버할, 이른바 대심도 수도권광역급행철도 GTX-D(김포-용산)의 건설은 김포시 지자체 입장에서 참으로 잘된 일입니다. 김포에서 서울 도심과의 연결이 30분대에 가능한

GTX 건설은 기필코 성사되어야 합니다. 왜냐하면, GTX에 의한 김포와 서울 두 도시 사이의 선순환적 개발의 기대 효과가 크기 때문입니다. 예컨대, 수도권 광역급행철도(GTX)에 의한 각종 산업의 '탈(脫)서울화' 현상이 역으로는 김포의 경제와 지방 상권의 활성화를 촉진합니다. 또한 대학, 병원, R&D 연구기관, 백화점, 기업 등 다양한 고급 일자리를 김포에 유치 또는 창출할 수 있는 기회를 확대합니다. 이는 김포 관내에서 주민의 주거와 직장의 일치를 보는 김포의 자족도시 기능을 강화합니다. 이른바 김포시가 '서울의 베드타운이다'라는 인식의 탈피를 현실적으로 가능하게 합니다. 이러한 연유에서 GTX-D 라인의 도시인프라 구축은 국토부의 주무 관계기관과 협치를 통해서 김포시가 성사시켜야 할 중차대한 과제입니다.

시장은 GTX-D의 김포~팔당선을 주창했습니다. 김포·검단을 포함한 경기서부권 지역의 200만 이상의 교통인구 풀을 감안한다면 '예타' 분석의 가능성이 높습니다. 서울의 서부권 김·검 지역이 소외된 이유와 근거를 밝힐 필요가 있습니다. 김포시장의 입장에서는 정치적 '정책과 시의성'의 필요충분조건을 갖춘 셈입니다. 김포 시정의 행정력을 집중하여 GTX-D의 구축사업이 꼭 성사되기를 기원합니다.

하나 제언을 하면, 나는 김포~하남선을 주장하고 싶습니다. 김포의 장기-검단-계양-부천종합운동장-용산 이어서 사당-삼성-강동-하남의 노선 방향이 어떨지요. 수도권의 동서축을 횡단하며 주요 지점을 관통하기 때문입니다.

셋째, 나진평야와 '걸포4지구 도시개발사업'에 관한 진언입니다.

인구 50만 시대를 넘어 100만 도시를 준비하고 있는 김포시는 주거용지와 도시 기반시설(학교, 공원, 길, 상가) 등의 인프라 확충을 위해 도시개발 압력을 크게 받고 있습니다. 시정의 이른바 '도시개발사업'의 일환으로 아파트단지와 도시 기반시설을 융복합한 소위 '미니신도시'의 신시가지가 김포시 도처에 생겨나고 있습니다. 그 한 예가 걸포동 나진평야 일원의 8만 평을 용도 변경해 만든 한강메트로자이 1,2,3 아파트단지입니다. 2019년 입주가 완료된 4000세대 분의 단지 중 최고 층수 45층 건물의 3개 동 '미니신도시'가 나진평야의 속살을 잠식해 들어간 것입니다. 연이어 김포시는 나진평야의 걸포동 57-1번지 일원의 25만 평을 '걸포4지구 도시개발사업' 예정지로 고시했고, 고지 일정대로라면 경기도와 김포시의회의 사업 승인과 실시계획 인가에 의해 2023년 3월 공사 착공, 2026년 준공이 예정된 것으로 알고 있습니다. 이렇게 되면 48번 국도 나진평야 동편 들녘이 한강신도시와 김포원도심권을 연결하는 신시가지로 탈바꿈하게 될 것은 시간문제입니다. 전 시정부가 고지한 '걸포4지구'의 대단위 아파트단지 도시개발사업은 재검토되기를 바랍니다.

나는 나진평야가 자연친화적 생태공간을 유지하며 김포시민 누구나 와서 공유하며 즐길 수 있는 도심 속의 장소로 남기를 원합니다. 마치 뉴요커들이 뉴욕시 마천루 빌딩에 에워싸인 센트럴파크에서 산책과 휴식을 즐기듯이, 김포시민이 도심 속에서 나진평야를 산책과 휴식의 공간으로 즐길 수 있게 개발되기를 바랍니다. 나진평야의 대단위 공원조성사업을 위해 나진평야를 '특별도시개발지구'로 입법 조치할 것을 새 시장에게 건의하는 바입니다. 도시계획 차원에서 김포의 나진 평야는 입지적 특성을 고려한 김포의 미래 도시비전과 도시가치를 담 보하는 도시개발사업이어야 할 것입니다.

넷째, 김포에 지하도시를 건설하자는 진언입니다.

김포에 '웬 지하도시 건설이냐'? 생뚱맞다, 생경하다는 반향을 예감 합니다. 그러나 진언을 드리는 배경에는 두 가지 이유가 있습니다. 하 나는 현행 김포골드라인이 도시경영의 측면에서 시 재정과 보조금 등 의 뒷감당 없이는 운영이 불가한 한계 기업이란 점입니다. 또 하나는 김포시의 비행기 소음과 건물의 고도 제한 때문입니다. 지상·지하 공 히 김포의 미래를 향한 도시정비 차원에서 최장 23km의 역대급 지하 도시를 건설함이 어떨가요? 전문가의 T/F팀 구성을 통해 김포의 지하 도시 인프라 구조가 세계적 명소로 탄생하기를 기원합니다.

김포 시장님! 시장님께서는 당선자 취임 소감에서 "우리 김포는 현 재의 문제해결도 중요하지만, 미래계획도 함께 준비해야 합니다" 또 한 "지방분권시대에 진정한 자치는 단순 행정이 아니라 경영의 측면이 가미되어야 합니다"라고 말씀을 피력하셨습니다. 저도 이 말씀 공감하 며 기억합니다. 제 졸고 기고문의 네 가지 고언(苦言)을 송구스럽게 생각합니다. 김포의 시정과 시민을 위한 공익 차원에서 드리는 진언이었습니다. 양해를 구하며 새 시장님의 건승을 빕니다.

2022년 6월 25일, 김포시민 김인(金仁) 배상(拜上)

제6장

디지털 전환시대,
김포 도시개발의 전망과 미래

1. 디지털 전환의 사회적 함의

'디지털 전환(digital transformation)'은 디지털화로 시작된 정보의 데이터화가 시간이 지날수록 산업 전반에 걸쳐 확장되고 최종적으로 사회 전체로 퍼져 그 효과가 나타나는 것을 의미한다. 디지털 전환은 사물인터넷, 클라우드 컴퓨팅, 인공지능, 빅데이터 등 디지털 신기술을 바탕으로 한 산업 혁신의 핵심요소일 뿐 아니라 국가경쟁력을 좌우하는 바탕이 된다. 이러한 디지털 대전환을 통해 변화를 도모하고 가치를 창출하는 것이 디지털 혁신(digital innovation)이다. 다시 말해, 디지털 기술 기반의 변화에 끝나지 않고, 이러한 변화가 새로운 가치 창출로 이어지도록 하는 모든 활동이 '디지털 혁신'인 것이다.

'디지털 플랫폼(digital platform)'은 민간 비즈니스 영역에서 먼저 등장하였는데, 기업이 이익 창출 및 고객 문제 해결을 위해 자사가 보유한 디지털 역량을 공유·개선·확장할 수 있도록 만든 디지털 공간과 이를 구성·운영하는 기본 프레임워크 전체를 의미한다. 초창기 디지털 플랫폼이 외국 아마존, 구글 등 다국적 대기업의 전유물이었다면, 국내에서는 네이버, 카카오 등이 있다. 디지털 플랫폼에 기반한 디지털 신기술을 접목한 새로운 아이디어, 생산, 소비 등이 우리 주변에서도 일어나고 있는 것이다.

국내·외 사례를 들어 본다. 여기에는 국토연구원에서 발행하는 『국토』의 2022년 8월 특집호("디지털 대전환 시대의 국토정책 과제")에 실린 소대섭 공학박사(한국과학기술정보연구원 책임연구원)의 글 「디지털 대전환시대의 새로운 지역혁신 동력, 디지터 플랫폼: 그 현황과 앞으로의 역할」에서 일부를 참고하여 인용하였다.

① 서울시 영등포구는 가상현실을 이용해 스포츠를 즐길 수 있는 공간을 구축하고, 가상현실 스포츠실에서 구민 누구나 4차 산업기술과 접목한 스포츠 활동을 즐겼다.

② 춘천시는 2021년 9월에 2주 동안 '춘천 커피도시 페스타'를 메타버스에서 개최하였다. 춘천시와 강원정보문화진흥원, 한국커피협회가 공동으로 개최한 민관협력의 사례로, 100여 개 카페가 참여하는 등 플랫폼 접속자 수가 누적 200만 명을 넘었다.

③ 광주광역시 광산구는 지역에 특화된 역사·문화 콘텐츠를 개발하고 가상현실을 활용해 문화재를 향유하는 새로운 방법을 제시하였는데, 문화재청이 예산을 지원하고 지자체가 주도해 사업 개발을 추진하

는 방식이다.

④ 청주시에 소재한 '주렁주렁 스튜디오'는 잊혀져 가는 지역의 설화를 수집하여 이를 증강현실 콘텐츠로 제작, 서비스하는데 지역혁신 디지털 플랫폼 분야에서 큰 주목을 받고 있다.

⑤ 해외의 경우, 노르웨이의 해상 및 육상 양식설비 전문 제작 기업인 아크바가(AKVA)가 있다. 아크바는 물고기 양식 과정에서 생성되는 빅데이터와 인공지능 기술을 접목한 지능화 양식 플랫폼을 구축하여 운영하는 회사다. 프로그래밍된 사료 공급기로 자동으로 먹이를 주고, 양식장과 멀리 떨어진 도심에서도 양식장 환경을 분석한 데이터를 실시간으로 확인할 수 있다. 이를 통해 매출 규모를 2002년 130억 원에서 2019년 4100억 원으로 끌어 올렸다. 지역 특성을 기반으로 '디지털 기술'을 접목하여 지역의 새로운 성장 동력을 제공한 것이다.

김포시 운양동의 한 카페 식당을 보자. 식당의 테이블 좌석마다 키오스크가 있어 앉은 자리에서 식사 아이템을 터치, 카드로 값을 직불하면 무인 캐리어 로봇이 가져다 준다. 식사를 끝내고 다시 식탁의 '콜'을 누르면 로봇이 오고, 식기를 올려 주면 다시 가져간다. 백화점, 쇼핑몰도 아닌 주택가의 동네 커뮤니티의 생활 속에도 디지털 전환시대가 깊이 파고 든 것이다.

2. 디지털 전환으로 인한 도시공간의 변화 양상

　미국은 구글, 애플, 아마존 등 빅테크 기업들이 민간 주도로 디지털 전환을 주도하고 있다. 이들 기업은 세계 최고의 인공지능, 빅데이터 기술로 제조, 유통, 금융 등 모든 산업의 혁신을 주도하고 있다. 우리나라도 네이버, 카카오, 쿠팡 등 기업들이 앞장서면서 사회 전반에 걸쳐 디지털 전환이 빠르게 확대되고 있다.

　디지털 전환이 도시공간에는 어떤 양상의 변화를 초래할 것인지, 도시지리의 관점에서 생각해 본다. 여기서는 윤대식 교수가 쓴 책 『도시의 미래』(2023)와 윤서연 박사가 쓴 글 「디지털 전환시대, 시민 생활 변화에 따른 도시공간의 변화와 전망」(『국토』, 2022년 8월호)을 발췌해서 인용했다. '지리(地理)'를 바탕으로 한 두 저자의 성찰을 공유하고 싶어서다.

① 디지털 전환은 온라인과 오프라인의 경계를 허무는 연결을 통해 공간과 시간의 제약을 극복하는 데 기여하고 있다. 동사무소나 구청, 세무서에 직접 가서 처리했던 민원업무도 인터넷으로 간단하게 처리할 수 있게 되었다. 그래서 실제 공간과 온라인 공간의 영향력은 우열을 가릴 수 없을 정도가 되었다.

② 디지털 전환이 가장 큰 영향을 미치는 것은 교통 수요다. 온라인 플랫폼의 활용은 업무 통행과 같은 필수 통행의 감소를 초래했고, 여가 통행과 같은 비필수 통행의 비중을 증가시켰다. 이는 비대면 활동을 통해 이동 거리와 이동 기회의 감소를 유발함으로써 도시 토지이용 변화에 영향을 끼칠 것으로 보인다. 대면 접촉이 줄어드는 업종은 값비싼 비용을 부담하면서까지 도심에 넓은 공간을 차지하고 있을 필요가 없어졌다. 재택근무와 유연근무제의 확산은 주택의 기능을 주거와 업무가 혼합된 공간으로 바꾸고 있고, 근린생활권 계획의 중요성을 크게 만들고 있다. 여기에다 디지털 전환은 온라인 커뮤니티의 활성화를 통해 조직문화의 변화에도 영향을 미치고 있다.

③ 디지털 전환이 가져올 것으로 전망되는 가장 큰 공간적 변화는 도심과 근린생활권의 기능변화이다. 도심은 핵심 의사결정과 중추 관리기능 위주로 재편되고, 근린생활권은 새로운 생활의 중심지가 될 것으로 전망된다. 결국 도심에서 줄어들 것으로 보이는 업무와 상업 기능의 일부는 근린생활권으로 옮겨갈 것으로 보인다.

④ 도시공간 내 복합적 토지이용이 가속화하고, 근린생활권 토지이

용 수요의 패턴이 다양해짐에 따라 여기에 대응할 수 있는 도시공간 계획이 중요하게 대두되고 있다.

3. 김포시 디지털 전환기의
도시개발 정책 및 과제

　김포시는 시 승격 후 도시계획에 근거하여 도시의 인프라 하부구조
가 생성된 도시다. 기존 도시계획법 지역지구제 등과 같은 현행법의
실행을 통해서 신도시개발지구가 조성되었고 도시공간이 확대되고
있다.

　그런데 김포시에서도 디지털 전환으로 새로운 토지이용의 수요 증
가, 상업 업무 지역의 수요 변화, 근린 주거지 내 기능 및 용도 복합형
토지이용 변화, 공공시설 및 기반시설의 수요 확대 등 김포의 입지 여
건이 좋은 곳에서 빠른 속도와 다양한 형태로 나타나고 있다. 기존의
도시공간 구조와 앞으로 전개될 도시공간 변화가 가져올 충돌 현상은
도시개발 측면에서 괴리가 커질 것이 예견된다.

김포시는 도시계획 차원에서 '괴리'를 간과해서는 안 될 것이다. 전통적인 도시계획 체계는 디지털 기술의 흐름을 즉시 반영할 수 없는 한계가 있다. 향후 김포시의 도시개발사업은 디지털 기술 시대의 흐름과 개발의 민주적 절차, 김포 주민의 의식 등을 반영하는 미래지향적 도시개발사업이어야 할 것이다.

민선 8기 시장(김병수)의 2주년 기념 시민과의 간담회에서 나눈 질문과 대화에 대한 김포시 답변을 살펴본다. 주된 질문은 ▲ 70만 대도시로 향하는 김포의 지역별 특성화 전략은? ▲ '아이 낳고 키우기 좋은 김포'의 기존 교육과의 차별화 전략은 무엇인가 등이다. 김포시의 청사, 주민센터(동사무소), 움직이는 차 등등 곳곳에는 "7C-도시 우리 김포"라는 로고가 붙어 있다. 인구 70만 미래를 채비(지향)한다는 의미이다.

첫 번째 질의 문답에서 김포시는 지역의 입지적 특성을 고려한 지역 간 균형발전을 위해 중장기 연동 계획을 수립해 김포시의 행정구역을 3개 권역(북부권, 중부권, 남부권)으로 나누고, 권역별 특성화 사업을 시행 중이라고 한다.

■ 북부권: 김포반도 북측은 북과의 접경지역을 한눈에 볼 수 있는 애기봉과 문수산 등 다수의 문화, 자연, 관광자원이 산재된 특성을 활용해 지역 활성화를 도모한다는 계획이다. 특히 6조 원 규모의 환경

재생혁신복합단지 조성을 통해 김포시는 미래를 선도하는 신산업 육성을 적극적으로 펴나간다는 의지를 굳건히 하고 있다.

■ 중부권: 김포반도의 중앙에 해당하는 중부권에서는 디지털 인터넷 첨단기술을 기반으로 김포한강2 콤팩트시티 도시개발사업을 진행하는데, 시 정부가 서울지하철 5호선 연장과 연계해 분당급 신도시로 개발하는 야심찬 계획을 천명했다. 개발 면적은 김포시의 양촌읍, 장기동, 마산동, 운양동 일원을 대상으로 면적 731만m², 가구는 4만 600호 규모로 예정돼 있다. 5호선 예정 종착지 통진읍에 역세권 중심의 지하철, 지상버스, UAM-버티포트 등 미래형 모빌리티 허브, 환승센터가 조성된다. 김포한강2 콤팩트시티가 완료되는 2035년경에 김포시는 인구 73만이 넘는 도시로 도약, 수도권 서부 낙후지역의 중추도시가 되리라는 전망이다.

■ 남부권: 서울의 경계와 인접한 남부권은 현재 대형 도시개발사업이 여러 곳에서 진행 중이다.

① '김포한강시네폴리스' 도시개발사업: 주거·영상·문화 복합공간, 일반산업단지 조성을 위한 도시개발사업이다. ▲ 위치: 고촌읍 향산리, 걸포동 일원 ▲ 면적: 1,116,570 제곱미터(약 340만 평) ▲ 사업비: 2조 560억 원 ▲ 사업방식: 산업단지 조성사업/SPC 방식(공사 20% 민간 80%) ▲ 사업기간: 2009~2025년(승인고시 2009년 3월) ▲ 시행자: ㈜한강시네폴리스개발 ▲ 김포시 담당부서: 스마트도시과(사업추진)/예산과(투자분석). 이 산업단지 조성사

업은 SPC 방식이 여러 번 바뀌었으나, 사업기간을 맞추도록 2025년 준공을 목표로 공사가 시행 예정이다. 김포의 영상·문화산업단지의 거점이 된다.

② '풍무역세권' 도시개발사업: 2025년 3월 주택 건설 사업승인 완료 및 4월 중 분양 승인을 목표로 하는 '풍무역세권' 도시개발사업이다. 김포 사우동의 김포골드라인 풍무역의 역세권을 중심으로 하는 택지 조성 사업으로, 부지 면적은 사우동 일원의 약 88만 m^2(27만 평)이다. 역세권 중심의 자연, 교육, 문화, 주거가 하나되는 거점도시로 도시개발사업이 주목된다. 2020년 김포도시기본계획을 반영하여 김포도시관리공사가 추진 중에 있다. 특히, 관심을 가지게 되는 것은 2021년 부지 약 9만 m^2에 인하대학교와 메디컬 캠퍼스 조성에 합의한 업무협약 체결이다. 성사에 따라 대형 종합병원과 인하대학교 의과대학이 김포로 이전할 경우, 김포시는 풍무역 역세권 중심의 김포 도시 가치를 한 차원 높이는 숙원 사업을 해결하는 것이다.

③ '아라마리나' 수상스포츠 도시개발사업: 김포에는 수도권 최대 규모의 해양과 굴포천 내수면을 아우르는 경인아라뱃길 해양스포츠 수상공간이 있다. 김포시는 경인아라뱃길의 김포터미널을 거점으로 수상스포츠의 다양한 활동 공간을 확충할 계획이다. 모터보트를 타고 아라마리나~갑문~행주대교까지 이어지는 아라뱃길 한강을 탐방하는 코스가 있고, 아라마리나 요트 선착장에서

요트를 타고 아라뱃길(굴포천)을 지나 서해 갑문 바다로 나가 해
양스포츠를 즐길 수 있는 코스가 있다. 경인아라뱃길의 김포터미
널을 거점으로 내수면의 수상과 해양의 '복합수상레포츠' 도시개
발사업이 확충되는 것이다. 김포 아라마리나 소재지는 고촌읍 아
라육로 270번길 74이다.

　두 번째 질의 문답에서 김포시장은 '교육도시, 김포시'라고 천명한
다. "우리 김포시 청소년들이 미래를 선도하는 훌륭한 인재가 되기를
바라며, 김포시는 아이 낳고 키우기 좋은 최고의 도시로 나아가겠다"
고 말했다. 김포시는 교육도시로 나아가기 위해 교육부의 '교육발전특
구' 선도지역으로 지정되고 지방 교육재정 특별교부금을 3년간 최대
100억 원까지 지원받게 되었으며, 특구 지정에 따른 지역 맞춤형 특례
지원도 받을 수 있게 되었다. 시는 글로벌 교육과정 역량 강화 기반 조
성 및 고등 분야에 특성화고, 자공고 등을 통한 다양한 교육성장 발판
마련을 전략 차원에서 추진 중이다. 특히 주목되는 것은 시가 연세대
학교와 협약을 맺고 연세대 SW중심대학사업단과 ▲ AI·SW 교육과
정 개발·운영에 대한 자문 ▲ 학생 진로·진학을 위한 컨설팅 및 진로
체험 프로그램 등에 대해 협력할 계획이다. 김포시는 김포 교육의 일
방적 단순 재원 조달의 조력자가 아닌, 미래 '교육도시'로서의 방향 비
전을 확고히 제시하고 있는 것이다.

4. 김포시 기존 도시개발사업의 문제 및 시사점

김포시는 시 승격 후 많은 주택이 들어서고 있지만 많은 주민들이 서울, 일산, 인천에서 업무를 본 후 밤이 되면 다시 돌아오는, 아직도 전형적인 베드타운(bed town)이다. 생산과 소비가 동시에 이뤄지는 자족도시가 아니다. 낮 시간대에 김포시를 가면 양질의 일자리가 없어 유령도시를 방불케 할 정도로 인적이 드문 곳이 많다. 그동안 바뀐 것은 우후죽순 올라선 아파트뿐이다. 김포시가 도시개발 차원에서 주택 수를 계속 증가시켜 왔기 때문이다. 현재 김포에서도 온라인 재택근무와 유연근무제의 홈 워크가 확산되고 있다. 필자가 앞서 예를 든 김포시 운양동 카페 식당의 키오스크와 캐리어 로봇의 사례에서도 주택가 커뮤니티의 생활 속에도 스며든 디지털 전환시대를 실감할 수 있다. 익명을 요구한 한 공인중계사는 "김포시민들은 오랜기간 정책적 측면에서 소외되어 왔던 만큼 상실감(예, 2018년부터 지지부진한 서울지하철 5호선 연장사업)이 크다"면서 김포시는 주택공급이 필요한 것이 아니라 일자리가 부족하다는 점을 강조한다. 앞으로 주택 수급 정책이 대단위 아파트단지의 주거만을 선호하는 주택정책이라면 그러한 도시개발사업은 차제에 불식되어야 할 것이다.

김포시가 또 하나 유념해야 할 일은 시 승격 후 30년이 지나도록 중대형의 중견 기업체가 거의 없다는 사실이다. 기업들이 둥지를 틀기에 매력적인 도시가 아니라는 의미이다. 그 주원인 역시 서울지하철 5호선과의 연장 지연이라고 본다. 어느 중견 기업체가 투자처로 비매력적인 김포로 가족과 함께 이주해 올까? 소상공인 자영업체 수는 많이 늘었으나 중견 대기업의 좋은 일자리 창출에는 한계가 있는 것이다. 김포시가 인구 70만의 희망 대도시로 제구실을 하려면 고급 일자리 창출이 주택 수급 못지않게 필요하다.

제7장

인공지능 시대
김포의 도시개발과 도시계획

최근 글로벌 화두가 된 미국 인공지능(AI) 반도체 기업 엔비디아
(Nvidia)는 첨단기술 혁신의 시대적 아이콘을 넘어 세계 경제의 게임
체인저로 부상했다. AI는 인류사적 메가트렌드가 되리라는 전망이 다
가올 AI 혁명의 거대한 파고를 가늠케 한다. AI 시대를 조응하는 김포
의 도시개발사업은 어디에 강조점을 두어야 할까? 백년대계 김포시
미래 도시 가치 창조를 위한 도시계획 차원에서 생각해 보고자 한다.

1. 김포시 도시공간 특성을 고려한 '모빌리트 허브' 도입 방안

모빌리티 허브 개념

　다양한 교통수단과 서비스를 한 장소에 통합해서 사용자들이 효율적으로 이동할 수 있도록 하는 시설이나 시스템을 말한다. 이를테면 타고 다니는 모빌리티인 자전거, 전동스쿠터, 승용차, 택시, 버스, 지하철, 기차, 도심항공교통(UAM) 등의 교통수단을 집결시켜 교통의 연계(환승)가 가능하게 하는 장소라 할 수 있다. 이용객이 많이 모이는 장소면 상점, 음식점, 공공서비스 등 도시기능의 역할 수행이 가능한 곳이기도 하다. 국토연구원은 모빌리티 허브를 모빌리티 간 환승 편의성과 단거리 통행의 편의성을 제공하는 장소이며 필요에 따라 다양한 편

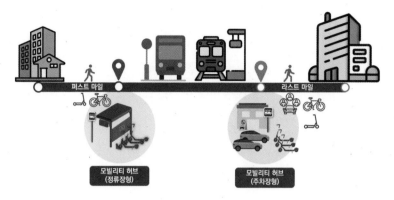

모빌리티 허브의 예시(국토연구원, 2024)

의시설을 제공하는 생활권의 거점으로 정의한다.

퍼스트 마일과 라스트 마일 개념

교통 및 물류 분야에서 사용되는 개념으로, 모빌리티 이용자가 이동을 시작해서 최종 목적지에 도달하는 구간을 의미한다. ▲ '퍼스트 마일(first mile)'은 이동의 시작점에서 대중교통이나 주요 교통수단에 접근하기 위한 첫 번째 구간. 예를 들어, 집에서 버스 정류장이나 지하철역까지 가는 길(거리)이 퍼스트 마일에 해당한다. ▲ '라스트 마일(last mile)'은 타고 간 교통수단에서 내려 최종 목적지까지 이동하는 마지막 구간. 예를 들어, 지하철역에서 내려 최종 목적지까지의 길(거리)이

라스트 마일에 해당한다. 이 개념은 특히 도시 교통에서 중요한데, 많은 사람들이 대중교통을 이용하고 싶어도 첫 번째 구간과 마지막 구간에서의 거리가 400m를 벗어날 경우 대중교통의 이용을 포기하는 경향이 증가한다는 교통량 조사 빅데이터의 분석이다. 즉, 퍼스트 마일·라스트 마일 솔루션은 대중교통을 보다 매력적으로 만들고, 대중교통 분담률 제고를 통해 전체적인 이동 편의성을 높여 교통 혼잡을 줄이기 위한 교통 연구 분석의 한 기법(개념)이다.

모빌리티 허브 입지 선정 방법

모빌리티 허브의 성공적 운영을 위해서는 기본적인 이용 수요와 교통 인프라 및 서비스가 일정 수준 확보되어야 한다. 국토연구원은 인구 특성, 대중교통 특성, 접근성 특성, 통행 특성, 사회간접자본(SOC) 접근성 특성, 토지이용 특성 6개 항목을 변수로 분석을 시도했다(표 1 참조). 서울시 강동구의 버스 정류장을 대상으로 모빌리티 허브 도입의 필요성을 분석했다. 분석 결과 강동구의 인구밀도가 높고, 청년인구 비율이 높으며, 다세대 다가구 주거가 밀집되고, SOC의 접근성이 떨어지는 지점이 모빌리티 허브 도입의 필요 지점으로 도출됐다.

서울특별시는 서울도시기본계획 발표에 준거 '모빌리티 허브'의 위계를 근린형, 지역형, 광역형 3가지 규모로 나누어 물류체계, 상업시설

표 1. 모빌리티 허브 도입의 분석지표

항목	소항목	세부내용	구축범위	단위
인구	인구밀도	행정구역 면적 대비 인구수	전국(법정동, 시군구)	인/km^2
	인구수	셀별 총 인구수	전국(500m 셀)	인
	만 13~34세 인구 비율	행정구역 인구 대비 만 13~34세 인구수	전국(법정동, 시군구, 500m 셀)	%
대중교통	버스 운행 밀도	행정구역별 버스 총 운행수	전국(법정동, 시군구)	운행수/km^2
	지하철 밀도	행정구역별 지하철 역사 개소수	전국(법정동, 시군구)	개소수/km^2
접근성	대중교통 비접근성	역/정류장 반경 400m 초과지역 면적 비율	전국(법정동, 시군구)	%
통행	단거리 통행 비율	단독 통행 중 5km 이내의 통행 비율 (도보, 승용차)	전국(법정동, 시군구)	%
SOC 접근성	공공 체육시설, 생활공원, 초등학교, 도서관, 종합사회복지관, 병원	국토정보플랫폼상 국토지표 각 격자 중심 (또는 행정구역)에서 가장 가까운 해당 시설까지의 거리	전국(250m 셀, 법정동)	km
토지이용	시가화 면적 비율	해당 행정구역 대비 시가화(도시화) 면적 비율	전국(법정동, 시군구)	%
	토지이용 복합도	격자 내 건축물 용도 개수	전국(500m 셀)	개수
	토지이용 압축도	격자 내 토지이용 건물의 밀도 (격자 내 건축물 연면적 합 ÷ 격자면적(0.25km^2)) × 100%	전국(500m 셀)	%

입점 등 다양한 기능을 수행하는 미래형 생활공간을 조성 중이다.

한편 삼성역을 기점으로 '영동대로 광역복합환승센터'를 조성하면 삼성역과 봉은사역 간 630m 구간에 수도권 광역급행철도(GTX A/C), 도시철도(위례-신사), 지하철(2/9호선) 및 버스, 택시 환승의 연계가 가능해져 하루 모빌리티 허브 이용객이 약 60만 명을 넘을 것으로 예측하는 분석이 나왔다(한국인사이트연구소, 박동현 연구원).

김포의 모빌리티 허브 입지 선정은?

김포시는 경기도의 서쪽에 위치한 행정구역으로, 3개 읍(통진, 고
촌, 양촌), 3개 면(하성, 월곶 대곶), 8개 행정동(김포본동, 장기본동, 장
기동, 사우동, 풍무동, 구래동, 마산동, 운양동)과 67개의 법정리로 이
루어져 있다. 시의 행정경계가 동쪽 서울 경계와 맞닿아 있는 마치 '국
자' 모양의 형국이다(김포시 새주소 안내도의 법정리를 표기한 행정구
역도 참조).

서울 쪽에서부터 강화대교까지 6~8차선 48번 국도(도로 연장 약
50km)가 하성면과 대곶면을 뺀 김포시 행정구역을 관통한다. 48번 국
도와 지방도가 격자형으로 도로망을 잘 갖추고 있다. 김포대로 48번
국도는 노선버스 대중교통의 간선 대동맥인 것이다. 서울 5호선 지하
철을 통진읍까지 연장할 계획이다. 수도권 광역급행철도 GTX-D라
인 종착역이 김포시 장기동 지점으로 결정된 바 있다. 48번 국도, 지하
철역, 대심도 수도권 광역급행철도가 수렴하는 통진읍과 장기동은 지
상과 지하로 대중교통 수단의 모빌리티 허브를 도입하는 데 최상의 입
지 여건을 갖추고 있는 곳이다.

김포시는 가급적 많은 '모빌리티 허브'를 구축하는 데 도시개발 차

김포시 행정구역도

원의 행정력을 발휘해야 할 것이다. 김포시 주민이면 어디에 살든, 다시 말해서 김포시 관내의 읍·면·동·리 어디에서든지 쉽게 모빌리티 허브에 접근이 가능하게 하자는 이야기다. 김포시의 모빌리티 허브를 근린형, 지역형, 광역형 세 가지로 나누어 주민이 가고자 하는 목적지까지 대중교통 수단을 이용할 수 있게끔 미래형 생활공간을 만들어 보자. 즉 모빌리티 허브를 중심으로 도시생활의 공간을 체계적으로 만들어 보자는 것이다.

모빌리티 허브가 김포시에 위계별로 N개 있다고 가정하고, 예를 들어 보자.

① 통진읍에 사는 시청 공무원: 집에서 도보로 400m 이내 → 통진읍 노선버스 정류장 → 사우동 정류장 하차 → 목적지 시청앞(도보 본인 결정)

② 장기동에 사는 대학생, 목적지는 삼성역: 집에서 자전거로 이동 → 장기역, 수도권급행철도 승차 → 삼성역 하차 → 걸어서 목적지(코엑스 컨벤션홀)까지 이동

③ 풍무역 아파트단지에 거주하는 주부, 목적지는 운양동의 한 카페: 풍무역 → 마을버스 → 운양동 목적지 하차 → 걸어서 카페 이동 (라스트 마일)

장황히 예를 들었지만 모빌리티 허브 도입 방안은 승용차 통행을 대신해 대중교통의 연결성과 접근성을 높이고 김포 밖 세상과도 사회적·경제적 교류를 확대하여 김포 주민의 삶과 질을 향상시킬 수 있는 김포시 도시교통 해결책의 '덕목(德目)'이다.

2. 김포시 산·학·연 융복합 '교육도시' 도시개발 계획

김포시장(김병수)은 주민과의 간담회에서 김포시는 '교육도시'를 조성하여, 미래를 선도하는 인재를 육성하겠다는 의지를 밝혔다. 김포시가 교육도시를 지향하기 위해서는 목표와 방향설정이 뚜렷해야 할 것이다.

김포에는 고등교육기관으로는 유일하게 김포대학교가 김포시 북부 월곶면에 있다. 김포대학교의 부속 '글로벌 캠퍼스'는 시의 도심권 운양동에 있다. 월곶면에 위치한 김포대학교는 메인 캠퍼스를 중심으로 대학본부, 도서관, 부속건물, 운동장, 편의점 등이 위치하며 교정 앞의 '김포대학로'를 끼고 자연 숲속의 대학 교정이 '교육가(街)'를 이루고 있다. 김포시가 교육도시로 나아가기 위해서는 현존 김포대학교의 위상을 '종합대학교'로 격상하는 데 배전의 노력을 기울여야 할 것이다. 김포시장은 AI·SW 교육 강화 기반 조성을 위해 연세대학교 SW중심 대학 사업단과 교육 프로그램 협약을 맺은 바 있다. 연세대학교와 같은 유수 대학과의 연구인력 교류, 전문연구기관의 유치 등 시 정부가 도시개발 도시계획 차원에서 적극 나서야 한다.

미국 동남부 노스캐롤라이나주에 리서치 트라이앵글 파크(RTP)라는 산·학·연 협약체의 연구단지가 있다. 이름해서 RTP는 유명 대학 듀크(더럼), UNC(채플힐), NCSU(롤리)의 3개 종합대학교가 삼각형 테두리 안에 입지해 있어 붙여진 명칭이다(필자는 1966.8~1972.5 UNC에서 석·박사 학위 취득). RTP는 1959년에 설립되었다. 중앙정부 주도의 하향식 방식이 아닌 지방정부와 지역대학, 기업 등이 주도하는 상향식 개발로 만들어진 것이 특징이다. 3개 대학 덕분에 우수한 인재들을 끌어모을 수 있었고 이를 토대로 기업과 연구소 유치가 가능했다.

RTP에서 일하는 연구원, 직원 등 6만 명은 기숙사와 주택 단지에서 연구동까지의 이동거리가 도보 5~10분, 차로 10~20분이고, 자동차로 10분 거리에 롤리−더럼 국제공항이 있다. 연구단지 내부와 외곽으로, 주거와 일터와의 교통이 사통팔달 편리한 직(職)·주(住)를 공유한 완결형 타운이 바로 RTP다. RTP 설립의 성공적 결과는 노스캐롤라이나 주 정부의 전폭적 지원이 있었기에 가능했다. 저렴한 땅값과 세금 감면, 대출, 보조금, 상담 및 네트워킹 등의 정책이 주효했던 것이다.

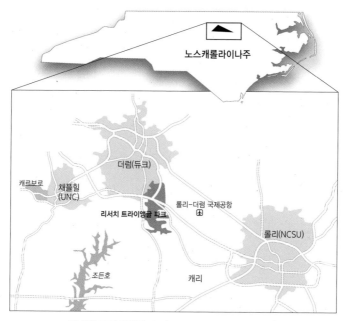

리서치 트라이앵글 파크(Reaserch Triangle Park)

　　RTP는 김포시 정부가 '교육도시' 도시개발을 추진하는 데 시사하는 바가 크다. 부언하면 직·주의 기능을 한곳(장소)에 융합해서, 앞에서 언급한 '김포대학가(街)'를 중심으로 자족도시 기능의 도시개발을 유도하는 것이다. 다양한 고등교육기관(대학교수, 학생), 전문직 연구소 (연구요원, 직원), 기업(종사자)을 위한 택지 조성 및 주택 건설이 있어야 한다. 여한 없이 연구하고, 새로운 아이디어를 창출하고, 시제품을 생산하기 위해서는 쉴 수 있는 안정된 주거 공간을 만들어야 한다. 김포시 정부가 지향하는 김포의 '교육도시' 개발을 위해서 하는 말이다.

3. 김포시 '신산업 단지' 조성을 위한 도시개발 계획

　김포시장은 6조 원 규모의 '환경재생혁신복합단지' 조성을 통해 미래를 선도하는 신산업 육성 정책의 의지를 밝혔다. 신산업 단지 조성은 이른바 컴퓨터 하드웨어, 통신장비, 소프트웨어 관련 제품과 서비스를 생산하는 산업, 그리고 데이터센터, 전력 에너지 수급 전력망 등 IT(정보기술) 산업 육성의 필수 요체다. 김포의 도시개발사업과 관련해서 데이터센터의 입지와 전력 수급 에너지 문제를 중점적으로 다루어 보고자 한다.

　막대한 전력을 소비하는 데이터센터를 건립할 경우, 지자체의 입장에서는 애로 사항이 많다. 해당 지역주민은 전자파, 소음, 열섬 등과 같은 현상을 우려하는 반대가 큰 반면, 데이터센터를 건립하고자 하는 기업주는 도심 좋은 곳의 입지 선정을 선호하기 때문이다. 우리나라는 전국 과반의 인구가 모여 있는 수도권에 데이터센터가 집중되어 있다. 비수도권 지방을 기피하는 이유는 비수도권 지방에 설치 시 풍부한 전력 수급이 어렵고 장거리 송전선 설치 비용이 과다하기 때문이다. 그래서 묻 좋은 도심을 찾는 것이다. 김포시 구례동에 지상 8층 지하 4층 규모의 건물 건립을 미국계 회사가 신청했으나 시 청사 앞에서 주민의 반대시위가 있었다. 현재 신청 접수 지연을 이유로 이 기업은 김포시에 행정심판과 행정소송을 제기한 상황이다.

김포시는 인공지능(AI) 산업 육성 정책의 일환으로 데이터센터 건립과 전력망 구축을 적극적으로 추진해야 할 것이다. 이들을 김포시 관내 인구 희박지역에 둘 것을 필자는 특히 권장한다. 인구 희박지역인 김포시 최북단 '북부권'에 데이터센터와 전력공급 기지를 만들자는 것이다. 즉, AI 산업과 연관된 대학, 연구기관, 기업 등을 북부권에 유치함과 동시에 태양력, 수력, 조력의 자연자원을 이용한 전기 에너지 공급망 기반을 김포시가 마련해야 한다. 『미래의 기원』 저자인 이광형 카이스트(KAIST) 총장은 한 인터뷰에서 이렇게 말했다. "AI도 미래 분야구요. 뇌과학이라든지 양자 기술, 에너지와 핵융합, 인공 광합성 같은 분야가 글로벌 지형입니다. 우리 인류가 피할 수 없는 길입니다. 그런 쪽으로 이제 중점적으로 개발해야 합니다." 그렇다. 선제적으로 김포시도 인류가 피할 수 없는 이 길을 택해야 할 것이다.

김포의 도시 미래 전망과 처방

정년퇴임 후 80 중반의 고령 반열에 들어선 자신을 보며 '남은 여생 어떻게 살아가지'가 본인에게는 만만치 않은 숙제다. 고심 끝에 이 책을 쓰기로 했다. 저서 명은 '김포시 도시개발 백년대계'. 자귀가 좀 거창하다는 생각이 들었지만 과감히 집필을 밀고 나가기로 했다.

이 책에서 김포시 도시개발 방향과 목표는 시대 배경의 변화에 조응하는 것으로 설정했다. 아날로그, 디지털 플랫폼, 인공지능(AI) 시대의 기술 변화에 조응하는 김포시 도시개발 정책에 주안점을 둔 것이다.

최근 지리학의 위상이 높아지고 지리의 힘이 재조명되고 있다. 지리학이 지향해 온 지적 전통에 따라 지리학 분야는 계속 확장되어 왔는데, 아직도 많은 이들이 지리가 지명과 위치 특성을 주로 암기하는 단순한 사실만 다루는 따분한 과목이라고 생각한다. 실제로 지리학은 그 이상이다. 현대지리학의 핵심적인 연구목표는 지표에서 발생하는 모든 현상의 공간 조직, 인간-자연의 상호작용 시스템, 특정 장소와 지역의 본질과 의미 등 연구 분야가 매우 광범위하다. 스탠퍼드대학교의 생태학자 할 무니(Hal Mooney)는 "지리학자 전성시대"라는 주장을 폈다. 공간구조의 변화와 지표면의 물질적 특성, 인간과 환경의 상

호 관계에 대해 오랫동안 지속적으로 관심을 가져온 지리학이란 학문
이 과학과 사회에서 점점 더 중요한 역할을 하기 좋은 때가 왔다는 것
이다. 실제로 현대사회에서 지리학의 필수인 지도의 독도법(讀圖法)
과 지리정보 수집 및 공간데이터 분석을 활용할 기회가 늘어나면서 지
리학의 중요성은 더 높아지는 추세다. 그런가 하면 지리학의 기초 사
고와 방법론에 대한 인식이 최근에 와서 학제 간의 연구를 위한 방법
론에서 중요하게 평가되면서 인접 학문, 특히 도시계획, 건축학, 토목
공학, 교통학, 경제학, 사회인문학 등에서 지리학의 방법론을 공유하기
를 원한다. 지리학 분야의 도시지리를 주전공한 필자로서는 지리학에
대한 자부심과 일생에서 쾌거를 맛보는 기분 좋은 일이 아닐 수 없다.

　필자는 이 책을 쓰는 동안 김포 주민이 자기가 살고 있는 '장소(場
所)'에 대한 이해(예를 들어 김포 시민사회의 사회적·계층적 관념과
경제력 같은 것에 대한 이해)가 중요하다고 생각했다. 그런 관점에서
필자는 본인의 개인적 입장을 피해 객관적 시각으로 김포시 도시개발
사업의 중요성과 체계적 실천 방향에 역점을 두고 이 책의 집필을 완
결했다. 필자가 의도한 김포시 도사개발사업의 실체성에 대한 견해가
다른 분에게는 양해를 바란다.

참고문헌 및 참고자료

건설교통부, 1994. 4, 「준농림지 토지이용실태조사 및 계획적 관리방안 연구」.

권용우, 2024. 5, 『그린벨트』, 박영사.

국토연구원, 2022. 8, 『국토』, vol. 490, "디지털 대전환 시대의 국토정책 과제".

국토연구원, 2023. 12, 『국토』, vol. 506, "어떤 도시에서 살고 싶은가".

국토연구원, 2023. 12, 「통합적 지역발전을 위한 초광역적 육성방안」, 저자: 박경현, 고
사론, 이소현, 신휴석, 정유선.

국토연구원, 2024. 2, 『국토』, vol. 508, "기후위기 시대 공원·녹지 정책".

국토연구원, 2024. 4, 『국토』, vol. 510, "AI가 변화시키는 미래 도시".

국토연구원, 2024. 8, 「국토정책 Brief」, no. 977, "도시공간 특성을 고려한 모빌리티
허브 도입방안".

국토연구원, 2024. 8, 「국토정책 Brief」, no. 961, "모빌리티 빅데이터를 통해 본 우리
사회의 활동 시공간 특성".

국토연구원, 2024. 7, 「국토정책 Brief」, no.972, 탄소중립도시 실현을 위한 공간전략
강화방안.

김경민, 2011. 9, 『도시개발 길을 잃다』, 시공사.

김경민·박재민, 2013. 11, 『리 씽킹 서울』, 서해문집.

김시덕, 2024. 1, 『한국 도시의 미래』, 콘텐츠그룹 포레스트.

김 인, 1986. 9, 『現代人文地理學 - 인간과 공간조직』, 법문사.

김 인, 2005. 3, 『지속 가능한 국토의 개발과 삶의 질』, 한울 아카데미.

김 인, 2006. 3, 『어느 地理人生 이야기』, 푸른길(2판 2016. 12).

김포군, 1991, 『통계연보』 제31회.

김포시, 2006. 4, 「김포신도시 도시설계공모 지침서」.

김포시, 2020. 1, 「김포시정계획: 2020 김포시민 행복더하기+」.

김포신문, 2015. 1, 제11445호, "김포지하철 9호선 연장 아직 늦지 않았다".

김포신문, 2015. 3, "김포 가현산에 올라서 보면…".

김포신문, 2021. 8, 제1456호, "김포의 '나진평야'를 말한다".

김포신문, 2021. 10, 제1463호, "김포에 와서 살아 보니-1" 〈김포의 미래가치를 위한 문제 진단과 도시대책〉.

김포신문, 2021. 10, 제1464호, "김포에 와서 살아 보니-2" 〈김포의 미래가치를 위한 市政(시정) 전략은?〉.

김포신문, 2022. 7, 제1497호, "민선 8기 김포시장에게 告하는 네 가지 眞言".

김포신문, 2023. 5, "김포골드라인을 除斥(제척)하여 지하도시를 건설하자".

대한국토·도시계획학회, 2000. 9, 『도시정보』, vol. 222, "국토 난개발의 제도적 개선 방안".

동아일보, 2003. 5, "삶에 지친 뉴요커, 센트럴 파크여 영원하라!"

동아일보, 2020-2021, 제30773호~31052호 연재시리즈, "숲에서 답(答)을 찾다".

박영숙·제롬 글렌, 2021. 10, 『세계미래보고서 2022』, ㈜비즈니스북스.

서울국유림관리소, 2011. 7, 가현산 등산로 정비사업 주민 설명회

서울연구원, 2021, 디지털 전환에 따른 도시 생활과 공간변화(연구책임자 윤서연, 서울대학교 공학박사 외 연구진: 김인희 변미리 임희지 정상혁 홍상연 허자연 박동찬 이동하 진화연).

손정렬·박수진 편, 2006. 3, 『도시해석』, 푸른길.

씨티21(지역신문), 2004. 8, 제13호, "金浦에 와서 살아 보니".

윤대식, 2023. 11, 『도시의 미래: 현상과 전망 그리고 처방』, 박영사

Alexander B. Murphy/ 김이재 옮김, 2022, 『Geography why it matters(지리학이 중요하다)』, 김영사.

Carlos Moreno/양영란 옮김, 2023, 『도시에 살 권리』, 정예씨.

Harm de Blij/유나영 옮김, 2007, 『Why Geography Matters(분노의 지리학)』, 천지인.

Jean Gottmann, 1961, 『Megalopolis: The Urbanized Northeastern Seaboard of the United States』, M. I. T. Press.

찾아보기

김포시 도시개발 백년대계: 도시의 미래 전망과 처방

초판 발행 2025년 1월 20일

지은이   김 인

펴낸이   김선기
펴낸곳   (주)푸른길
출판등록 1996년 4월 12일 제16-1292호
주소   (08377) 서울시 구로구 디지털로 33길 48 대륭포스트타워 7차 1008호
전화   02-523-2907, 6942-9570~2
팩스   02-523-2951
이메일   purungilbook@naver.com
홈페이지 www.purungil.com

ISBN   979-11-7267-033-7   93980

ⓒ 김 인, 2025

• 이 책은 (주)푸른길과 저작권자와의 계약에 따라 보호받는 저작물이므로 본사의
서면 허락 없이는 어떠한 형태나 수단으로도 이 책의 내용을 이용하지 못합니다.